装配式混凝土建筑口袋书

灌 浆 作 业

Grouting Operation for PC Buildings

主编 李 营

参编 杜常岭 黄 鑫

机械工业出版社
CHINA MACHINE PRESS

本书由经验丰富的一线技术和管理人员编写，聚焦装配式混凝土建筑的关键环节之一——灌浆作业环节，以简洁精练、通俗易懂的语言配合丰富的图片和案例，详细地介绍了装配式混凝土建筑灌浆作业的原理、标准、材料、设备、作业前准备、灌浆料搅拌、灌浆作业操作规程、质量检查验收、质量管理要点以及安全与文明生产等内容，还介绍了接缝封堵与分仓、灌浆设备和工具的清洗、存放与保养、临时支撑拆除等内容。

本书可作为装配式混凝土建筑施工企业的培训手册、管理手册、作业指导书和操作规程，更可作为施工企业一线技术人员、管理人员和灌浆工人随身携带的工具书，同时对总承包企业技术管理人员、工程监理人员和甲方技术人员也有很好的借鉴及参考价值。

图书在版编目（CIP）数据

装配式混凝土建筑口袋书. 灌浆作业/李营主编. —北京：机械工业出版社，2019.1
ISBN 978-7-111-61313-8

Ⅰ.①装… Ⅱ.①李… Ⅲ.①装配式混凝土结构 – 灌浆 Ⅳ.①TU37

中国版本图书馆 CIP 数据核字（2018）第 249859 号

机械工业出版社（北京市百万庄大街22号 邮政编码100037）
策划编辑：薛俊高 责任编辑：薛俊高
封面设计：张 静 责任校对：刘时光
责任印制：孙 炜
天津翔远印刷有限公司印刷
2019年1月第1版第1次印刷
119mm×165mm·5.75 印张·124 千字
标准书号：ISBN 978-7-111-61313-8
定价：29.00 元

《装配式混凝土建筑口袋书》编委会

主　任　　郭学明

副主任　　许德民　　张玉波

编　委　　李　营　　杜常岭　　黄　营　　潘　峰
　　　　　高　中　　张　健　　樊向阳　　李　睿
　　　　　刘志航　　张晓峰　　黄　鑫　　张长飞
　　　　　郭学民

前　言

我为成为"装配式混凝土建筑口袋书"编委会的成员之一，并担任《灌浆作业》一书的主编而深感荣幸。

无论装配式建筑有多么大的优势，也无论装配式建筑方案制订得多么完美、设计得多么先进合理，最终的品质还是要靠一线的技术人员、管理人员和技术工人去实现的。所以，装配式建筑项目成败的关键很大程度上取决于一线人员是否按照正确的方式进行了规范的作业，做出了合格优质的装配式工程。装配式建筑开展几年来的实践也证明了，所有的优质装配式建筑工程一定是由经过严格系统培训的、掌握了装配式建筑技术和操作技能的一线人员严格按照设计和规范要求精心作业而实现的，凡是出现很多问题的装配式建筑工程都是因为不知其所以然而蛮干、乱干所造成的。所以，装配式建筑健康发展的当务之急是培训熟练的技术工人和管理人员，使从事装配式建筑的一线技术人员、管理人员和技术工人真正掌握装配式建筑的原理、工艺和操作规程。

本书就是出于这个目的，聚焦于装配式混凝土建筑重要、关键且核心的环节灌浆作业而编写的，目的是作为装配式混凝土建筑灌浆作业人员的工具书、作业指导书和操作规程，让一线人员按照正确的方式、科学的工法进行灌浆作业，保证装配式混凝土建筑构件连接节点的质量，真正发挥并实现装配式混凝土建筑的优势。

本书是在以郭学明先生为主任、许德民先生和张玉波先生为副主任的编委会指导下，以《装配式混凝土结构建筑的设计、制作与施工》（主编郭学明）及《装配式混凝土建筑施工安装 200 问》（丛书主编郭学明、主编杜常岭）两本技术书为基础，以相关国家规范及行业规范为依据，结合各位作者多年丰富的实际施工管理经验编写而成的。全书以简洁精练、通俗易懂的语言配合丰富的现场图片和实际案例，在装配式混凝土建筑灌浆作业的原理、材料、设备与工具、试验、接缝封堵及分仓、灌浆作业、质量管理等诸多方面进行了全面的深化、细化和拓展讲解，以方便一线人员实际阅读使用。

编委会主任郭学明先生指导并制订了本书的框架及章节提纲，给出了具体的写作意见，并进行了全书的书稿审核；编委会副主任许德民先生对全书进行了校对、修改和具体审核；编委会副主任张玉波先生对全书进行了校对和统稿。

我本人多年从事水泥基预制构件的技术与管理工作，曾到日本鹿岛建设株式会社和日本几家预制构件工厂进行了系统的研修，并多次去欧洲考察，近年来一直担任预制构件企业的副总经理；参编者杜常岭先生长期从事预制构件制作及安装的技术和管理工作，具有丰富的理论知识和实践经验，现为辽宁精润现代建筑安装工程有限公司总经理；参编者黄鑫先生，多年来一直从事装配式建筑预制构件安装施工管理工作，有着丰富的现场管理经验，现为辽宁精润现代建筑安装工程有限公司副总经理。

本书共分 15 章，具体内容如下：

第 1 章是装配式混凝土建筑简介，讲述了装配式建筑的基本概念，装配整体式混凝土建筑与全装配式混凝土建筑的概念，装配式混凝土建筑结构体系类型、装配式混凝土建筑的连接方式以及装配式混凝土建筑预制构件等。

第 2 章介绍了灌浆连接原理。

第 3 章列出了国家标准和行业标准中关于灌浆作业的相关规定。

第 4 章和第 5 章分别介绍了灌浆作业用的材料和设备及工具。

第 6 章列出灌浆作业所要做的试验以及试验方法。

第 7 章至第 10 章是本书的核心，重点介绍了灌浆作业前的准备、灌浆作业的接缝封堵与分仓、灌浆料的搅拌以及灌浆作业等。

第 11 章介绍了灌浆作业过程中的检查以及灌浆作业完成后的施工验收。

第 12 章讲述了灌浆作业质量控制重点，列出了灌浆作业中常出现的问题及解决方法。

第 13 章讲述了灌浆设备与工具的清洗、存放及保养。

第 14 章介绍了斜支撑的拆除。

第 15 章介绍了灌浆作业安全生产与文明施工。

我作为主编对全书进行了初步统稿，同时是第 1 章 ~ 4 章、第 13 章和第 15 章的主要编写者；杜常岭是第 5 章、第 6 章、第 11 章、第 12 章和第 14 章的主要编写者；黄鑫是第 7 ~ 10 章的主要编写者。其他编委会成员也通过群聊、讨论的方式为本书贡献了许多有益的内容或思路。

感谢沈阳兆寰现代建筑构件有限公司副总工程师张晓娜女士和设计师孙昊女士为本书绘制了部分插图；感谢深圳市现代营造科技有限公司总经理谷明旺先生和北京思达建茂科技发展有限公司总经理郝志强先生提供的资料和照片。

由于装配式混凝土建筑在我国发展较晚，有很多施工技术及施工工艺尚未成熟，正在研究探索之中，加之作者水平和经验有限，书中难免有不足和错误之处，敬请读者批评指正。

本书主编　李营

目　录

第1章 装配式混凝土建筑简介

本章介绍装配式建筑（1.1）、装配式混凝土建筑（1.2）、装配整体式混凝土建筑与全装配式混凝土建筑（1.3）、装配式混凝土建筑结构体系类型（1.4）、装配式混凝土建筑连接方式（1.5）和装配式混凝土建筑预制构件（1.6）。

1.1 装配式建筑

1. 常规概念

一般来说，装配式建筑是指由预制部件通过可靠连接方式建造的建筑。装配式建筑有以下两个主要特征：

（1）构成建筑的主要构件特别是结构构件是预制的。

（2）预制构件的连接方式必须是可靠的。

2. 国家标准定义

按照《装配式混凝土建筑技术标准》《装配式钢结构建筑技术标准》和《装配式木结构建筑技术标准》中关于装配式建筑的定义，装配式建筑是指结构系统、外围护系统、内装系统、设备与管线系统的主要部分采用预制部品部件集成的建筑，如图1-1所示。

这个定义强调了装配式建筑是4个系统（而不仅仅是结构系统）的主要部分采

图1-1 装配式建筑在国家标准定义中的4个系统

用预制部品部件集成的。

3. 对国家标准定义的理解

国家标准关于装配式建筑的定义既有现实意义，又有长远意义。这个定义基于以下国情：

（1）近年来我国建筑特别是住宅建筑的规模是人类建筑史上前所未有的，如此大的规模特别适于建筑产业全面（而不仅仅是结构部件）实现工业化与现代化。

（2）目前我国建筑标准低，适宜性、舒适度和耐久性还比较差，大多是以毛坯房的形式交付的，而且管线埋设在混凝土中，天棚无吊顶，地面不架空，排水不同层等。强调4个系统集成，有助于建筑标准的全面提升。

（3）我国建筑业施工工艺还比较落后，不仅在结构施工方面，而且体现在设备管线系统和内装系统方面，标准化模块化程度都还比较低，与发达国家比较有一定的差距。

（4）由于建筑标准低和施工工艺落后，材料、能源消耗较高，是现在和未来我国节能减排的重要战场。

鉴于以上各点，强调4个系统的集成，不仅是"补课"的需要，更是适应现实、面向未来的需要。通过推广以4个系统集成为主要特征的装配式建筑，对于我国全面提升建筑现代化水平，提高环境效益、社会效益和经济效益都有着非常积极且长远的意义。

4. 装配式建筑的分类

（1）装配式建筑按主体结构材料分类，有装配式混凝土结构建筑（图1-2）、装配式钢结构建筑（图1-3）、装配式木结构建筑（图1-4）和装配式组合结构建筑（图1-5）等。

（2）装配式建筑按结构体系分类，有框架结构、框架-剪力墙结构、筒体结构、剪力墙结构、无梁板结构、空间薄壁结构、悬索结构和预制钢筋混凝土柱单层厂房结构等。

图1-2 装配式混凝土结构建筑——沈阳丽水新城（我国最早的一批装配式建筑）

图1-3 装配式钢结构建筑（美国科罗拉多州空军小教堂）

图1-4 世界最高的装配式木结构建筑（温哥华UBC大学学生公寓楼，高53m）

图1-5 装配式组合结构建筑（东京鹿岛赤坂大厦，为混凝土结构与钢结构组合）

1.2 装配式混凝土建筑

1. 装配式混凝土建筑的定义

按照国家标准对装配式混凝土建筑的定义，装配式混凝土建筑是指建筑的结构系统由混凝土部件构成的装配式建筑。而装配式建筑又是由结构、外围护、内装系统和设备管线系统的主要部品部件预制集成的建筑。由此，装配式混凝土建筑有以下两个主要特征：

（1）构成建筑结构的构件是混凝土预制构件。

（2）装配式混凝土建筑是由4个系统——结构、外围护、内装系统和设备管线系统的主要部品部件预制集成的建筑。

国际建筑界习惯把装配式混凝土建筑简称为PC建筑。PC是英语Precast Concrete的缩写，是预制混凝土的意思。

2. 装配式混凝土建筑的预制率和装配率

近年来，国家和各级政府主管建筑的部门在推广装配式建筑特别是装配式混凝土建筑时，经常会用到预制率和装配率的概念。

（1）预制率

预制率（Precast Ratio）一般是指装配式混凝土建筑中，建筑室外地坪以上的主体结构和围护结构中，预制构件部分的混凝土用量占混凝土总用量的体积比。

装配式混凝土建筑按预制率的高低可分为：小于5%为局部使用预制构件；5%~20%为低预制率；20%~50%为普通预制率；50%~70%为高预制率；70%以上为超高预制率（图1-6）。这里需要说明的是，全装配式混凝土结构的预制率最高可以达到100%，但装配整体式混凝土结构的预制率最高只能达到90%左右。

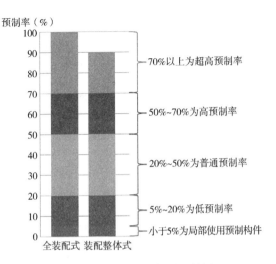

图1-6　装配式混凝土建筑的预制率

（2）装配率

按照国家标准《装配式建筑评价标准》（GB/T 51129—2017）的定义，装配率（Prefabrication Ratio）是指单体建筑室外地坪以上的主体结构、围护墙和内隔墙、装修和设备管线等采用预制部品部件的综合比例。

装配率应根据表1-1中的评价分值，按下式计算：

$$P = \frac{Q_1 + Q_2 + Q_3}{100 - Q_4} \times 100\% \qquad 式（1-1）$$

式中　P——装配率；

　　　Q_1——主体结构指标实际得分值；

　　　Q_2——围护墙和内隔墙指标实际得分值；

Q_3——装修与设备管线指标实际得分值；

Q_4——计算项目中缺少的计算项分值总和。

表 1-1　装配式建筑评分

评价项		指标要求	计算分值	最低分值
主体结构（50分）	柱、支撑、承重墙、延性墙板等竖向构件	35%≤比例≤80%	20~30*	20
	梁、板、楼梯、阳台、空调板等构件	70%≤比例≤80%	10~20*	
围护墙和内隔墙（20分）	非承重围护墙非砌筑	比例≥80%	5	10
	围护墙与保温、隔热、装饰一体化	50%≤比例≤80%	2~5*	
	内隔墙非砌筑	比例≥50%	5	
	内隔墙与管线、装修一体化	50%≤比例≤80%	2~5*	
装修和设备管线（30分）	全装修	—	6	6
	干式工法的楼面、地面	比例≥70%	6	—
	集成厨房	70%≤比例≤90%	3~6*	
	集成卫生间	70%≤比例≤90%	3~6*	
	管线分离	50%≤比例≤70%	4~6*	

注：表中带"*"项的分值采用"内插法"计算，计算结果取小数点后1位。

3. 国内装配式混凝土建筑的实例

我国装配式混凝土建筑的历史始于 20 世纪 50 年代，到 80 年代达至顶峰，预制构件厂一度星罗棋布。但这些装配式混凝土建筑由于抗震、漏水、透寒等问题没有很好地解决而日渐式微，到 90 年代初期，预制板厂大多都销声匿迹，现浇混凝土结构成为建筑舞台的主角。

进入 21 世纪后，由于建筑质量、劳动力成本和节能减排等原因，我国重新启动了装配式进程，近十年来取得了非常大的进展，通过引进国外成熟的技术，自主研发一些具有我国特点的技术，并建造了一些装配式混凝土建筑，积累了宝贵的经验，也得到了一些教训。

图 1-7 是我国第一个在土地出让环节加入装配式建筑要求的商业开发项目，也是我国第一个大规模采用装配式建筑方式建设的商品住宅项目——沈阳万科春河里 17 号楼。

图 1-8 是目前国内应用最为广泛的剪力墙结构高层住宅。

图 1-7 沈阳万科春河里 17 号楼（我国最早的高预制率框架结构装配式混凝土建筑）

图 1-8 上海浦江保障房（国内应用范围最广泛的剪力墙结构装配式混凝土建筑）

图 1-9 是某大型装配式混凝土结构工业厂房。

图 1-10 是应用于公用建筑外围护结构的清水混凝土外挂墙板。

图 1-9 应用于大连的某大型装配式混凝土结构工业厂房（单体建筑面积超 10 万 m²）

图 1-10 应用于哈尔滨大剧院的局部清水混凝土外挂墙板（包含平面板、曲面板和双曲面板等）

1.3 装配整体式混凝土建筑与全装配式混凝土建筑

装配式混凝土建筑根据预制构件连接方式的不同，分为装配整体式混凝土建筑和全装配式混凝土建筑。

1.3.1 装配整体式混凝土建筑

按照行业标准《装配式混凝土结构技术规程》（JGJ 1—2014，以下简称《装规》）和国家标准《装配式混凝土建筑技术标准》（GB/T 51231—2016，以下简称《装标》）的定义，装配整体式混凝土建筑是指由预制混凝土构件通过可靠的方式进行连接并与现场后浇混凝土、水泥基灌浆料形成整体的装配式混凝土结构。简言之，装配整体式混凝土结构的连接以"湿连接"为主要方式（图 1-11），见第 1.5 节。

装配整体式混凝土结构具有较好的整体性和抗震性。目前，大多数多层和全部高层装配式混凝土建筑都是装配整体式，有抗震要求的低层装配式建筑也多是装配整体式结构。

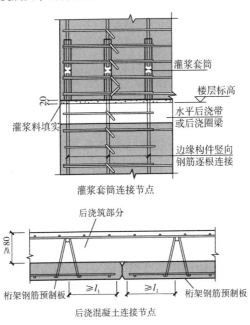

灌浆套筒

楼层标高

水平后浇带
或后浇圈梁

边缘构件竖向
钢筋逐根连接

灌浆料填实

灌浆套筒连接节点

后浇筑部分

桁架钢筋预制板   ≥l_1 ≥l_1 桁架钢筋预制板

后浇混凝土连接节点

图 1-11　装配整体式建筑的"湿连接"节点

1.3.2　全装配式混凝土建筑

全装配式混凝土结构是指预制混凝土构件靠"干"连接即用螺栓连接或焊接形成的装配式建筑。

全装配式混凝土建筑整体性和抗侧向作用的能力较差，不适于高层建筑。但它具有构件制作简单、安装便利、工期短且成本低等优点。国外许多低层和多层建筑都采用全装配式混凝土结构（图1-12）。

图1-12　全装配式混凝土建筑——
美国凤凰城图书馆里的"干连接"节点

1.4　装配式混凝土建筑结构体系类型

作为装配式混凝土建筑工程的从业者，应当对装配式混凝土建筑结构体系有大致的了解。

1.4.1　框架结构

框架结构是以柱和梁为主要构件组成的承受竖向和水平作用的结构。选用装配式建筑方案时，其预制构件可包括预制楼梯、预制叠合板、预制柱和预制梁等，适用于多层和小高层装配式建筑，是应用非常广泛的结构体系之一（图1-13和图1-14）。

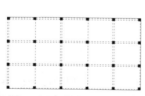

图1-13　框架结构平面示意　　　图1-14　框架结构立体示意

1.4.2 框架-剪力墙结构

框架-剪力墙结构是由柱、梁和剪力墙共同承受竖向和水平作用的结构。选用装配式建筑方案时，其预制构件可包括预制楼梯、预制叠合板、预制柱和预制梁等，但其中剪力墙部分一般为现浇，适用于高层装配式建筑，在国外应用较多（图1-15和图1-16）。

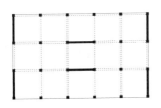

图1-15　框架-剪力墙结构
平面示意

图1-16　框架-剪力墙
结构立体示意

1.4.3 剪力墙结构

剪力墙结构是由剪力墙组成的承受竖向和水平作用的结构，剪力墙与楼盖一起组成空间体系。选用装配式建筑方案时，其预制构件可包括预制楼梯、预制叠合板和预制剪力墙等，可用于多层和高层装配式建筑，在国内应用较多，国外高层建筑应用较少（图1-17和图1-18）。

1.4.4 框支剪力墙结构

框支剪力墙结构是剪力墙因建筑要求不能满足，只能直接设置在下层框架梁上,再由框架梁将荷载传至框架柱上的结构体系。选用装配式建筑方案时,其预制构件可包括预制楼梯、预制叠合板和预制剪力墙等,但其中下层框架部分一般为现浇。可用于底部商业(大空间)和上部住宅的建筑(图 1-19 和图 1-20)。

图 1-17 剪力墙结构平面示意

图 1-18 剪力墙结构
立体示意

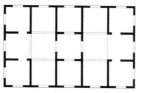

图 1-19 框支剪力墙结构
平面示意

图 1-20 框支剪力墙
结构立体示意

1.4.5 筒体结构

筒体结构是将剪力墙或密柱框架集中到房屋的内部和外围而形成的空间封闭式的筒体。根据内部和外围的组合不同，其可分为密柱单筒结构（图1-21和图1-22）、密柱双筒结构、密柱 + 剪力墙核心筒结构、束筒结构和稀柱 + 剪力墙核心筒结构等。选用装配式建筑方案时，其预制构件可包括预制楼梯、预制叠合板、预制柱和预制梁等，适用于高层和超高层装配式建筑，在国外应用较多。

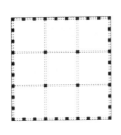

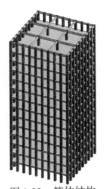

图1-21 筒体结构　　　　图1-22 筒体结构
（密柱单筒）平面示意　（密柱单筒）立体示意

1.4.6 无梁板结构

无梁板结构是由柱、柱帽和楼板组成的承受竖向与水平作用的结构。选用装配式建筑方案时，其预制构件可包括预制楼梯、预制叠合板和预制柱等，适用于商场、停车场、图书馆等大空间装配式建筑（图1-23和图1-24）。

1.4.7 单层厂房结构

单层厂房结构是由钢筋混凝土柱、轨道梁、预应力混凝土屋架或钢结构屋架组成承受竖向和水平作用的结构。选用装配式建筑方案时，其预制构件可包括预制柱、预制轨道梁和预应力屋架等，适用用于工业厂房装配式建筑（图 1-25 和图 1-26）。

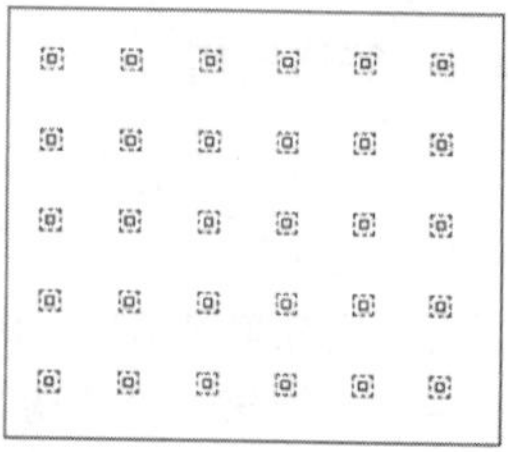

图 1-23　无梁板结构平面示意

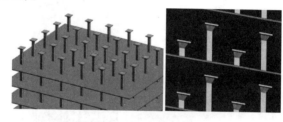

图 1-24　无梁板结构立体示意

图 1-25　单层厂房结构
平面示意

图 1-26　单层厂房结构
立体示意

1.4.8 空间薄壁结构

空间薄壁结构是由曲面薄壳组成的承受竖向与水平作用的结构。选用装配式建筑方案时，其预制构件可包括预制楼梯、预制叠合板和预制外围护挂板等，适用于大型装配式公共建筑（图1-27）。

图1-27 空间薄壁结构实例——悉尼歌剧院

1.5 装配式混凝土建筑连接方式

1.5.1 连接方式概述

连接是装配式混凝土建筑最关键的环节，也是保证结构安全而需要重点监理的环节。

装配式混凝土建筑的连接方式主要分为两类：湿连接和干连接。

湿连接是用混凝土或水泥基灌浆料与钢筋结合形成的连接，如套筒灌浆、浆锚搭接和后浇混凝土等，适用于装配整体式混凝土建筑的连接；干连接主要借助于金属连接，如螺栓连接、焊接等，适用于全装配式混凝土建筑的连接和装配整体式混凝土建筑中的外挂墙板等非主体结构构件的连接。

湿连接的核心是钢筋连接，包括套筒灌浆连接、浆锚搭接、机械套筒连接、注胶套筒连接、绑扎连接、焊接、锚环钢筋连接、钢索钢筋连接和后张法预应力连接等。湿连接还包括预制构件与现浇接触界面的构造处理，如键槽和粗糙面；

以及其他方式的辅助连接，如型钢螺栓连接。

干连接用得最多的方式是螺栓连接、焊接和搭接。

为了使读者对装配式混凝土建筑连接方式有一个透彻的了解，这里给出了装配式混凝土结构连接方式一览，见图1-28。

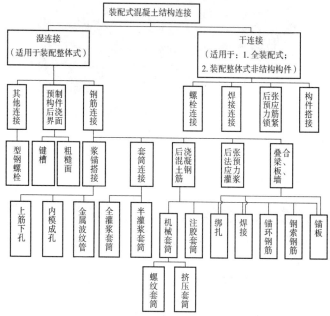

图 1-28　装配式混凝土结构连接方式一览

1.5.2　主要连接方式简介

装配式混凝土建筑常用的主要连接方式包括套筒灌浆连接、浆锚搭接、后浇混凝土连接、粗糙面与键槽构造处理等。套筒灌浆连接和浆锚搭接将在第 2 章做详细介绍，这里只介绍后浇混凝土连接、粗糙面与键槽构造处理。

1. 后浇混凝土

后浇混凝土是指预制构件安装后在预制构件连接区或叠合层现场浇筑的混凝土。在装配式建筑中，基础、首层、裙楼、顶层等部位的现浇混凝土，称为现浇混凝土；连接和叠合部位的现浇混凝土称为后浇混凝土。

后浇混凝土是装配整体式混凝土结构中非常重要的连接方式。到目前为止，世界上所有的装配整体式混凝土结构建筑，都会用到后浇混凝土。

钢筋连接是后浇混凝土连接节点最重要的环节（图1-29）。后浇区钢筋连接方式包括以下几种：

（1）机械（螺纹、挤压）套筒连接。

（2）注胶套筒连接（日本应用较多）。

（3）灌浆套筒连接。

（4）钢筋搭接。

（5）钢筋焊接。

（6）其他方式。

图1-29　后浇混凝土区域的受力钢筋连接

2. 粗糙面与键槽

预制混凝土构件与后浇混凝土的接触面须做成粗糙面或键槽，以提高抗剪能力。试验表明，不计钢筋作用的平面、粗糙面和键槽混凝土抗剪能力的比例关系是 1∶1.6∶3，即粗糙面抗剪能力是平面抗剪能力的 1.6 倍，键槽是平面抗剪能力的 3 倍。所以，预制构件与后浇混凝土接触面或做成粗糙面，或做成键槽，或两者兼有。

（1）粗糙面

对于压光面（如叠合板、叠合梁表面），在混凝土初凝前"拉毛"形成粗糙面（图 1-30）。

对于模具面（如梁端、柱端表面），可在模具上涂刷缓凝剂，拆模后用水冲洗未凝固的水泥浆，露出骨料，形成粗糙面。

（2）键槽

键槽是靠模具凸凹成型的。图 1-31 所示是日本预制柱底部的键槽。

图 1-30　预应力叠合板压光面　　图 1-31　日本预制柱底部的键槽
处理粗糙面

1.5.3　连接方式适用范围

装配式混凝土建筑连接方式及适用范围见表 1-1。这里需要强调的是，套筒灌浆连接方式是竖向构件最主要的连接方式之一。

表 1-1　装配式混凝土建筑连接方式及适用范围

类别		序号	连接方式	可连接的构件	适用范围
灌浆		1	套筒灌浆	柱、墙	适用于各种结构体系高层建筑
		2	内模成孔浆锚搭接	柱、墙	房屋高度小于三层或 12 米的框架结构，二、三级抗震的剪力墙结构（非加强区）
		3	金属波纹管浆锚搭接	柱、墙	
湿连接	后浇混凝土钢筋连接	4	机械（螺纹）连接	梁、楼板	适用于各种结构体系高层建筑
		5	套筒钢筋连接	梁、楼板	适用于各种结构体系高层建筑
		6	注胶套筒钢筋连接	梁、楼板	适用于各种结构体系高层建筑
		7	灌浆套筒钢筋连接	墙板水平连接	适用于各种结构体系高层建筑
		8	环形钢筋绑扎连接	梁、楼板、阳台板、挑檐板、楼梯板固定端	适用于各种结构体系高层建筑
		9	直钢筋绑扎搭接	双面叠合板剪力墙、圆孔叠合剪力墙	适用于剪力墙结构体系高层建筑
		10	直钢筋无绑扎搭接	梁、楼板、阳台板、挑檐板、楼梯板固定端	适用于各种结构体系高层建筑
			钢筋焊接		
	后浇混凝土	11	套环连接	墙板水平连接	适用于各种结构体系高层建筑
		12	绳索套环连接	墙板水平连接	适用于多层框架结构和低层板式结构
其他连接		13	型钢	柱	适用于框架结构体系高层建筑

类别		序号	连接方式	可连接的构件	适用范围
湿连接	叠合构件后浇筑混凝土连接	14	钢筋折弯锚固	叠合梁、叠合板、叠合阳台等	适用于各种结构体系高层建筑
		15	钢筋锚板锚固	叠合梁	适用于各种结构体系高层建筑
	预制混凝土与后浇混凝土连接面	16	粗糙面	各种接触后浇筑混凝土的预制构件	适用于各种结构体系高层建筑
		17	键槽	柱、梁等	适用于各种结构体系高层建筑
干连接		18	螺栓连接	楼梯、墙板、梁、柱	楼梯结构适用于各种结构体系高层建筑。主体结构构件适用于框架结构或组装墙板的构低层建筑
		19	构件焊接	楼梯、墙板、梁、柱	楼梯结构适用于各种结构体系高层建筑。主体结构构件适用于框架结构或组装墙板的构低层建筑

1.6 装配式混凝土建筑预制构件

为了使大家对预制构件有一个总体的了解，我们将常用预制构件分为八大类，分别是楼板、剪力墙板、外挂墙板、框架墙板、梁、柱、复合构件和其他构件。这八大类中每一个大类又可以分为若干小类，合计68种。

1.6.1 楼板

楼板的类型及样式见图 1-32 ~ 图 1-41。

图 1-32 实心板

图 1-33 空心板

图 1-34 叠合楼板

实物

截面示意

图 1-35 预应力空心板

出筋

不出筋

图 1-36 预应力叠合肋板

图 1-37　预应力双 T 板

图 1-38　预应力倒槽形板

图 1-39　空间薄壁板

图 1-40　非线性屋面板

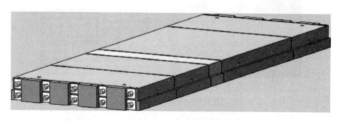
图 1-41　后张法预应力组合板

1.6.2　剪力墙板

剪力墙板的类型及样式见图 1-42 ~ 图 1-51。

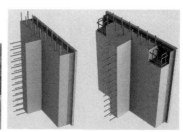

图 1-42　剪力墙外墙板　　　　图 1-43　T 形剪力墙板

图 1-44　L 形剪力　　图 1-45　U 形剪　　图 1-46　L 形外叶板
　　　墙板　　　　　　　力墙板

图 1-47　双面叠合剪　　图 1-48　预制圆孔　　图 1-49　剪力
　　　力墙板　　　　　　墙板　　　　　　墙内墙板

图 1-50　窗下轻体墙板　　　图 1-51　剪力墙夹芯保温板

1.6.3　外挂墙板

外挂墙板的类型及样式见图 1-52～图 1-56。

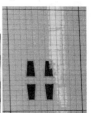

无窗　　　　　　　　有窗　　　　　　　　多窗

图 1-52　整间外挂墙板

图 1-53　横向外挂墙板

单层 多层

图 1-54　竖向外挂墙板

图 1-55　非线性墙板

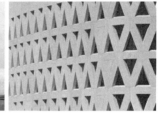

图 1-56　镂空墙板

1.6.4　框架墙板

框架墙板的类型和样式见图 1-57 和图 1-58。

图 1-57　暗柱暗梁墙板

图 1-58　暗梁墙板

1.6.5　梁

梁的类型和样式见图 1-59 ~ 图 1-69。

图 1-59 普通梁

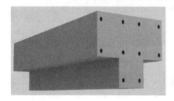

图 1-60 T形梁

图 1-61 凸形梁

图 1-62 带挑耳梁

图 1-63 叠合梁

图 1-64 带翼缘梁

图 1-65 连梁

图 1-66　U 形梁　　　　　图 1-67　叠合莲藕梁

图 1-68　工字形屋面梁

图 1-69　连筋式叠合梁

1.6.6　柱

柱的类型和样式见图 1-70 ~ 图 1-78。

图 1-70　方柱　　　　　图 1-71　L 形扁柱

图1-72 T形扁柱

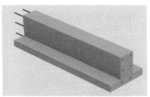

图1-73 带翼缘柱

图1-74 带柱帽柱

图1-75 带柱头柱

图1-76 跨层方柱

图 1-77　跨层圆柱　　　　　　　图 1-78　圆柱

1.6.7　复合构件

复合构件的类型和样式见图 1-79 ~ 图 1-99。

图 1-79　莲藕梁

图 1-80　单莲藕梁　　　　　　　图 1-81　双莲藕梁

图 1-82 十字形莲藕梁

图 1-83 十字形梁 + 柱

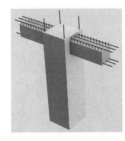

图 1-84 T形柱梁

图 1-85 草字头形梁柱一体构件

1.6.8 其他构件

其他构件的类型和样式见图 1-86 ~ 图 1-99。

图 1-86 楼梯板（单跑、双跑）

图 1-87　叠合阳台板　　图 1-88　无梁板柱帽　　图 1-89　杯形柱基础

图 1-90　全预制阳台板

图 1-91　空调板　　　　　图 1-92　带围栏阳台板

 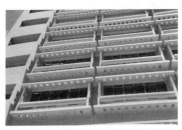

图 1-93　整体飘窗　　　　图 1-94　遮阳板

图 1-95 室内曲面护栏板

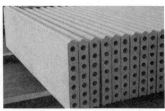
图 1-96 轻质内隔墙板

图 1-97 挑檐板

图 1-98 女儿墙板

图 1-99 高层钢结构配套用防屈曲剪力墙板

第2章 灌浆连接原理

本章主要介绍灌浆技术的历史沿革（2.1）、灌浆连接方式的类型（2.2）、套筒灌浆连接方式与原理（2.3）、浆锚搭接连接方式与原理（2.4）、采用灌浆连接方式连接的构件（2.5）及灌浆技术适用范围（2.6）。

2.1 灌浆技术的历史沿革

灌浆技术是由美国科学家余占疏博士（Dr. Alfred A. Yee）于 20 世纪 60 年代

图2-1 钢筋套筒连接器

后期发明钢筋套筒连接器（图2-1）后得以使用，并首次应用于 38 层的装配式建筑——阿拉莫阿纳酒店的预制柱连接中，开创了竖向混凝土结构中钢筋通过套筒灌浆技术连接的先河。随后经过几十年的发展，套筒灌浆连接技术在欧美国家的工业化建筑中得到广泛使用。

后来日本吸收了美国的灌浆连接技术并进行改良，改良后的套筒灌浆连接技术在日本装配式混凝土建筑上得到了广泛应用，应用套筒灌浆连接技术的建筑高度最高已达到 200 余米（图2-2），采用此技术的许多高层超高层装配式混凝土建筑经受住了大地震

图2-2 日本应用套筒灌浆连接技术的超高层（203m）住宅

的考验。

随着装配式建筑在我国的推广，灌浆连接技术也得到了广泛应用，2011年万科集团在沈阳万科春河里框架体系公寓楼项目上率先采用了套筒灌浆连接技术，该项目采用的灌浆套筒是由日本企业生产的（图2-3和图2-4）。

图2-3　采用套筒灌浆连接技术的沈阳万科春河里公寓楼

图2-4　沈阳万科春河里公寓楼项目的预制柱

近年来，国内已有多家企业开发出灌浆套筒产品，套筒灌浆连接技术也成为我国装配式建筑（图2-5和图2-6）中重要的施工技术，为此住房和城乡建设部组织相关单位编制了《钢筋套筒灌浆连接应用技术规程》（JGJ 355—2015）；同时，国内一些大专院校、科研机构和预制构件生产企业还联合研发了钢筋浆锚搭接灌浆连接的技术，也得到了推广应用。

图 2-5 应用套筒灌浆连接技术的装配式剪力墙结构建筑（住宅）

图 2-6 应用套筒灌浆连接技术的装配式框架结构建筑（办公楼）

2.2 灌浆连接方式的类型

1. 连接节点的方式

装配式混凝土建筑结点的主要连接方式有灌浆连接方式、后浇混凝土连接方式、螺栓连接方式和焊接连接方式等。本书主要介绍灌浆连接方式。

2. 灌浆连接作业的方式

灌浆连接作业主要有两种方式，即压力式和重力式。

（1）压力式

依靠电动灌浆机或手动灌浆枪的压力进行灌浆，例如套筒灌浆（图 2-7）。

（2）重力式

主要依靠灌浆料的重力从上往下灌浆，例如波纹管灌浆（图 2-8）。

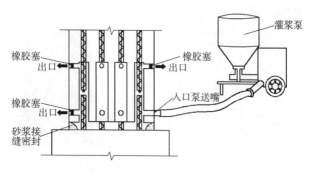

图 2-7 套筒压力式灌浆作业原理示意

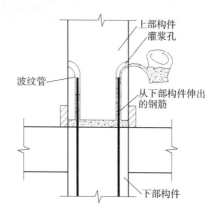

图 2-8 波纹管重力式灌浆作业原理示意

还有一种重力灌浆方式是先把下面预制构件（通常为预制剪力墙板，下同）的套筒（或波纹管）灌满浆料，然后再把上面预制构件伸出的连接钢筋插入到套筒（或波纹管）内，是套筒（或波纹管）灌浆的一种特殊形式，称为倒插法灌浆（图 2-9）。倒插法灌浆方式预制构件侧面不需要预留灌浆孔和出浆孔，所以，当采用套筒灌浆方式时，可使用不带侧孔的钢管套筒。钢筋的连接方式与常用的套筒（或波纹管）灌浆方式相似。抗震设防低及低层建筑可以采用倒插法灌浆，欧洲一些国家采用较多。

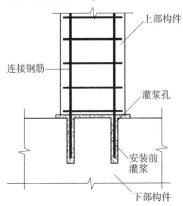

图 2-9　倒插法重力式灌浆作业原理示意

3. 灌浆连接方式的类型

常见灌浆连接方式的类型见图 2-10。

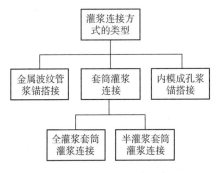

图 2-10　灌浆连接方式的类型

2.3 套筒灌浆连接方式与原理

套筒灌浆连接是目前装配式混凝土建筑中预制构件连接尤其是竖向预制构件连接应用最广泛也是最安全、最可靠的连接方式之一。灌浆套筒应符合国家现行建筑行业标准《钢筋连接用灌浆套筒》（JG/T 398—2012）的相关规定。

1. 灌浆套筒分类

（1）灌浆套筒按结构形式分为全灌浆套筒和半灌浆套筒。

（2）灌浆套筒按材料分为机械加工套筒和铸造套筒。

2. 灌浆套筒构造

（1）灌浆套筒构造主要包括筒壁、剪力槽、灌浆口、出浆口和钢筋限位挡块。

（2）国家现行标准《钢筋连接用灌浆套筒》（JG/T 398—2012）给出了灌浆套筒的构造图（图2-11）。

3. 灌浆套筒材质

（1）灌浆套筒材质有碳素结构钢、合金结构钢和球墨铸铁。

（2）碳素结构钢和合金结构钢灌浆套筒采用机械加工工艺制造；球墨铸铁灌浆套筒采用铸造工艺制造。

（3）我国目前应用的灌浆套筒既有机械加工制作的碳素结构钢和合金结构钢灌浆套筒，也有铸造的球墨铸铁灌浆套筒。日本用的灌浆套筒材质为球墨铸铁，大都由我国工厂制造。

（4）国家现行行业标准《钢筋连接用灌浆套筒》（JG/T 398—2012）给出了球墨铸铁灌浆套筒和各类钢灌浆套筒的材料性能（表2-1和表2-2）。

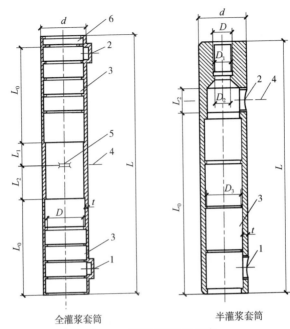

全灌浆套筒　　　　　　　　　半灌浆套筒

图 2-11　灌浆套筒构造示意

1—灌浆孔　2—出浆孔　3—剪力槽　4—强度验算用截面

5—钢筋限位挡块　6—安装密封垫的结构

L—灌浆套筒总长　L_0—锚固长度　L_1—预制端预留钢筋安装调整长度

L_2—现场装配端预留钢筋安装调整长度　t—灌浆套筒壁厚

d—灌浆套筒外径　D—内螺纹的公称直径　D_1—内螺纹的基本小径

D_2—半灌浆套筒螺纹端与灌浆端连接处的通孔直径

D_3—灌浆套筒锚固段环形凸起部分的内径

注：D_3 不包括灌浆孔和出浆孔外侧因导向、定位等其他目的而设置
　　的比锚固段环形凸起内径偏小的尺寸，D_3 可以为非等截面。

表 2-1　球墨铸铁灌浆套筒的力学性能

项目	性能指标
抗拉强度 σ_b/MPa	≥550
断后伸长率 δ_5/（%）	≥5
球化率（%）	≥85
硬度，HBW	180~250

表 2-2　各类钢灌浆套筒的力学性能

项目	性能指标
屈服强度 σ_s/MPa	≥355
抗拉强度 σ_b/MPa	≥600
断后伸长率 δ_5/（%）	≥16

4. 全灌浆套筒连接方式与原理

全灌浆套筒接头两端均采用灌浆方式连接钢筋（图2-12和图2-13）。

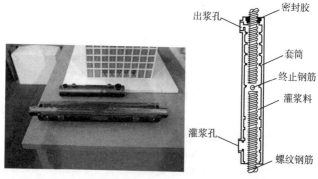

图 2-12　全灌浆套筒实物　　图 2-13　全灌浆套筒示意

全灌浆套筒连接原理是将需要连接的带肋钢筋插入金属套筒内"对接"，在套筒内灌入高强早强且有微膨胀特性的灌浆料拌合物，灌浆料拌合物凝固后在套筒内壁与钢筋之间形成较大的压力，在钢筋带肋的粗糙表面产生较大的摩擦力，由此得以传递钢筋的轴向力。

5. 半灌浆套筒连接方式与原理

半灌浆套筒接头一端采用灌浆方式连接，另一端采用机械方式（通常是螺纹方式）连接钢筋（图2-14和图2-15），目前国内竖向预制构件连接常有应用。

半灌浆套筒连接方式的原理也是钢筋采取对接的方式，将需要连接的带肋钢筋端头镦粗后加工直螺纹或在钢筋端头直接滚轧直螺纹与套筒内孔的直螺纹咬合连接；另一端头钢筋直接插入套筒内，在套筒内灌入高强早强且有微膨胀特性的灌浆料拌合物，灌浆料拌合物凝固后在套筒内壁与钢筋之间形成较大的压力，从而在钢筋带肋的粗糙表面产生较大的摩擦力，由此得以传递钢筋的轴向力。

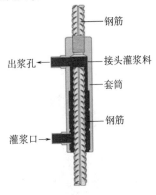

图2-14　半灌浆套筒实物　　　　图2-15　半灌浆套筒示意

2.4 浆锚搭接连接方式与原理

浆锚搭接连接方式分为波纹管浆锚搭接连接方式和内模成孔螺旋筋浆锚搭接连接方式。

1. 波纹管浆锚搭接连接方式与原理

波纹管浆锚搭接连接方式的原理是钢筋采取搭接的方式，在预制构件下端预埋大口径金属波纹管（图2-16），金属波纹管贴紧预埋连接钢筋并延伸到预制构件下端面形成一个波纹管孔洞，波纹管另一端向上从预制构件侧壁引出，预制构件浇筑成型后每根连接钢筋旁都有一根波纹管形成的预留孔（图2-17）。预制构

图 2-16　金属波纹管实物

件在现场安装时，将另一构件的连接钢筋全部插入该预制构件上对应的波纹管内，然后从波纹管上方灌浆孔灌入高强灌浆料拌合物，灌浆料拌合物充满波纹管与连接钢筋的间隙并

图 2-17　金属波纹管浆锚搭接实例

凝固后即形成一个钢筋搭接锚固接头，实现两个构件之间的钢筋连接。

2. 内模成孔螺旋筋浆锚搭接连接方式与原理

内模成孔螺旋筋浆锚搭接连接方式的原理也是钢筋采取搭接的方式，在预制构件下端预埋螺旋状的约束箍筋，在螺旋箍筋内侧设置连接钢筋，螺旋箍筋内通过内置模具形成螺旋孔，构件安装时将需要连接的带肋钢筋插入预制构件的预留孔道内，在孔道内灌入高强早强且有微膨胀特性的灌浆料拌合物，锚固住插入的钢筋，与孔道旁预埋在预制构件中的受力钢筋"搭接"，这种情况属于有距离搭接。灌浆料拌合物凝固后，即形成外部具有约束箍筋的钢筋搭接锚固接头，从而完成两个构件之间的钢筋连接（图 2-18 和图 2-19）。

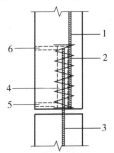

图 2-18　内模成孔螺旋筋浆锚搭接示意

1—连接钢筋　2—箍筋　3—插筋　4—空腔　5—灌浆孔　6—出浆孔

图 2-19　内模成孔螺旋筋浆锚搭接实例

2.5 采用灌浆连接方式连接的构件

1. 柱与柱纵向连接

（1）柱与柱纵向通过套筒灌浆连接（图 2-20 和图2-21）。上层柱根部的套筒与下层柱伸出钢筋完全对应，保证误差在允许范围之内，通过套筒灌浆实现钢筋的连接。

图 2-20　下层柱子伸出钢筋

图 2-21　上层柱子的套筒与下层柱子的钢筋相对应

（2）柱与柱纵向通过浆锚搭接连接（图 2-22）。上层柱根部的波纹管或浆锚孔与下层柱伸出钢筋完全对应，保证误差在允许范围之内，通过波纹管或浆锚孔灌浆实现钢筋的连接。

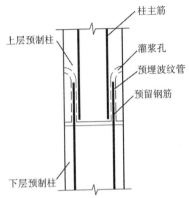

图 2-22　柱与柱通过浆锚搭接连接示意

2. 剪力墙与剪力墙纵向连接

（1）剪力墙与剪力墙纵向通过套筒灌浆连接（图 2-23）。剪力墙上层墙底部的套筒与下层墙上方伸出钢筋完全对应，保证误差在允许范围之内，通过套筒灌浆实现钢筋的连接。

（2）剪力墙与剪力墙纵向通过浆锚搭接连接（图 2-24）。剪力墙上层墙底部预留的波纹管与下层墙上方伸出钢筋完全对应，保证误差在允许范围之内，通过波纹管灌浆实现钢筋的连接。

3. 柱与梁垂直连接

柱与梁的钢筋通过灌浆套筒连接（图 2-25）。在柱头部位

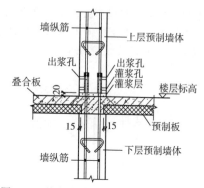

图 2-23　剪力墙纵向通过套筒灌浆连接示意

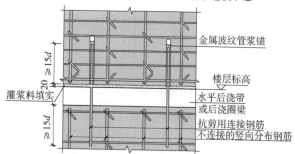

图 2-24　剪力墙与剪力墙纵向通过浆锚搭接连接示意

图 2-25　柱与梁通过灌浆套筒连接实例

伸出钢筋，柱伸出的钢筋与梁的钢筋通过套筒灌浆实现连接，然后采用后浇混凝土的方式把梁与柱连接为一个整体。

4. 梁与梁连接

梁与梁受力钢筋采用对接连接方式（图20-26），连接套筒先套在一个梁的一根钢筋上，与另一个梁的一根钢筋对接就位后，套筒移到两根钢筋中间，采用灌浆连接方式、机械连接方式或注胶连接方式将两根钢筋连接，然后采用后浇混凝土的方式把两个梁连接为一个整体。

图2-26　梁与梁通过套筒连接实例

2.6　灌浆技术适用范围

1. 日本适用范围

1984年，日本建设省确认了套筒灌浆连接工法，其灌浆套筒体积小，应用范围广，应用在包括装配式混凝土结构的住宅、学校、医院、酒店和办公楼等各种建筑之中。近些年，日本还将该技术应用于现场无现浇混凝土结构梁与梁的连接（图2-27）。

图 2-27　日本无现浇混凝土梁与梁的连接

由于日本高层、超高层装配式混凝土建筑中没有剪力墙结构体系，套筒灌浆连接技术主要应用在框架结构和筒体结构中用于柱与柱、柱与梁和梁与梁等构件的钢筋连接。

日本多采用大直径、高强度钢筋以及高强度等级混凝土制作预制构件，同时日本深化设计时尽可能将预制构件尺寸拆分得较大，例如跨层柱（图 1-76）和双莲藕梁（图 1-81）等，这些做法减少了装配式混凝土建筑的套筒使用量和现场灌浆作业，也减少了连接部位的拥堵，提高了主体结构的施工效率。

2. 我国适用范围

在我国，灌浆连接技术适用于装配整体式混凝土结构中直径 12~40mm 的 HRB400 和 HRB500 钢筋的连接，包括预制柱的竖向受力钢筋、预制剪力墙的竖向钢筋和预制叠合梁的水平方向钢筋等连接。

近些年，灌浆连接技术在我国装配整体式混凝土结构中得到了广泛应用，为此我国国家标准《装配式混凝土建筑技术标准》（GB/T 51231—2016）中对装配整体式混凝土结构房屋的最大适用高度给出了规定（表2-3），同时标准中第5.1.2条还规定：

（1）装配整体式剪力墙结构和装配整体式部分框支剪力墙结构，当预制剪力墙构件底部承担的总剪力大于该层总剪力的80%时最大适用高度应取表2-3中括号内的数值。

（2）装配整体式剪力墙结构和装配整体式部分框支剪力墙结构，当剪力墙边缘构件竖向连接采用浆锚搭接连接时，房屋最大适用高度应比标准中数值降低10m。

（3）超过表2-3内高度的房屋，应进行专门的研究和论证，采用有效措施进行加强。

表2-3　装配整体式混凝土结构房屋的最大适用高度

（单位：m）

结构类型	抗震设防烈度			
	6度	7度	8度 （0.20g）	8度 （0.30g）
装配整体式框架结构	60	50	40	30
装配整体式框架—现浇剪力墙结构	130	120	100	80
装配整体式框架—现浇核心筒结构	150	130	100	90
装配整体式剪力墙结构	130（120）	110（100）	90（80）	70（60）
装配整体式部分框支剪力墙结构	110（100）	90（80）	70（60）	40（30）

第3章　关于灌浆作业的规范规定

本章介绍有关灌浆作业的标准目录（3.1）、国家标准关于灌浆作业的规定（3.2）和行业标准关于灌浆作业的规定（3.3）。

3.1　有关灌浆作业的标准目录

与灌浆作业有关的现行国家标准和行业标准如下：

（1）《装配式混凝土建筑技术标准》（GB/T 51231—2016）

（2）《装配式混凝土结构技术规程》（JGJ 1—2014）

（3）《钢筋连接用灌浆套筒》（JG/T 398—2012）

（4）《钢筋连接用套筒灌浆料》（JG/T 408—2013）

（5）《钢筋套筒灌浆连接应用技术规程》（JGJ 355—2015）

（6）《钢筋机械连接技术规程》（JGJ 107—2010）

3.2　国家标准关于灌浆作业的规定

国家标准《装配式混凝土建筑技术标准》（GB/T 51231—2016）的具体规定：

（1）构件安装前应检查预制构件上的套筒和预留孔的规格、位置、数量和深度；当套筒、预留孔内有杂物时，应清理干净。（第10.4.22条）

（2）应检查被连接钢筋的规格、数量、位置和长度，当连接钢筋倾斜时，应进行校直；连接钢筋偏离套筒或孔洞中心不宜超过3mm。连接钢筋中心位置存在严重偏差影响预制构件安装时，应会同设计单位制定专项处理方案，严禁随意切割、强行调整定位钢筋。（第10.4.2-3条）

（3）钢筋套筒灌浆连接接头应按检验批划分及时灌浆。（第10.4.3条）

（4）在第10.4.3条条文说明中还强调以下几点：

1）灌浆作业是装配整体式结构工程施工质量控制的关键环节之一。对作业人员应进行培训考核，并持证上岗（图3-1），同时要求有专职检验人员对灌浆操作的全过程进行检查和监督。

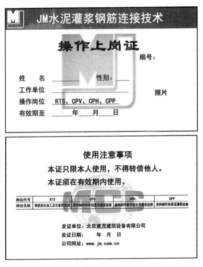

图 3-1　灌浆作业人员上岗证

2）套筒灌浆连接接头的质量保证措施有以下几个方面：

①采用经过验证的钢筋套筒和灌浆料配套产品。

②施工人员须经由培训合格的专业人员担任，并严格按技术操作要求执行。

③操作施工时，应做好灌浆作业的视频资料，质量检验

人员进行全过程施工质量检查，能提供可追溯的全过程灌浆质量检测记录。

④检验批验收时，如对套筒灌浆连接接头质量有疑问，可委托第三方独立检测机构进行非破损检测。

⑤当施工环境温度低于5℃时，可采取加热保温措施，使结构构件灌浆套筒内的温度达到产品使用说明书要求；有可靠经验时，也可采用低温灌浆料。

3.3 行业标准关于灌浆作业的规定

（1）行业标准《装配式混凝土结构技术规程》（JGJ 1—2014）的具体规定有以下几个方面：

1）采用钢筋套筒灌浆连接、钢筋浆锚搭接的预制构件安装前应检查预制构件上的套筒和预留孔的规格、位置、数量和深度；当套筒、预留孔内有杂物时，应清理干净。（第12.3.2条）

2）当连接钢筋倾斜时，应进行校直；连接钢筋偏离套筒或孔洞中心不宜超过3mm。（第12.3.2条）

3）墙、柱构件的安装应符合下列规定（第12.3.3条）：

①构件安装前，应清洁结合面。

②构件底部应设置可调整接缝厚度和底部标高的垫块。

③钢筋套筒灌浆连接接头、钢筋浆锚搭接连接接头灌浆前，应对接缝周围进行封堵，封堵措施应符合结合面承载力设计要求。

④多层预制剪力墙底部采用座浆材料时，其厚度不宜大于20mm。

4）钢筋套筒灌浆连接接头、钢筋浆锚搭接连接接头应按检验批划分要求及时灌浆，灌浆作业应符合国家现行有关标准及施工方案的要求，并应符合下列规定（第12.3.4条）：

①灌浆施工时，环境温度不应低于5℃；当连接部位养护温度低于10℃时，应采取加热保温措施。

②灌浆操作全过程应有专职检验人员负责旁站监督并及时形成施工质量检查记录。

③应按产品使用说明书的要求计量灌浆料和水的用量，并搅拌均匀；每次拌制的灌浆料拌合物应进行流动度的检测，且其流动度应满足规程的规定。

④灌浆作业应采用压浆法从下口灌注，当浆料从上口流出后应及时封堵，必要时可设分仓进行灌浆。

⑤灌浆料拌合物应在制备后30min内用完。

（2）行业标准《钢筋套筒灌浆连接应用技术规程》（JGJ 355—2015）中规定：

1）套筒灌浆连接应采用由接头型式检验确定的相匹配的灌浆套筒和灌浆料。

2）套筒灌浆连接施工应编制专项施工方案。

3）灌浆施工的操作人员应经专业培训后上岗。

4）施工现场灌浆料宜存储在室内，并应采取防雨、防潮和防晒措施。

（3）行业标准《钢筋连接用套筒灌浆料》（JG/T 408—2013）中对灌浆料的规定见第4.1节。

第4章　灌浆材料

本章介绍关于灌浆材料的相关规定和要求，包括灌浆材料类型与性能（4.1）、灌浆料检验（4.2）和灌浆料保管（4.3）。

4.1　灌浆材料类型与性能

1. 套筒灌浆料

（1）材料组成

套筒灌浆料是以水泥为基本材料，配以细骨料、混凝土外加剂和其他材料组成的干混料，加水搅拌后具有规定的流动性、早强、高强和微膨胀等性能指标。

（2）性能指标

套筒灌浆料性能应符合现行行业标准《钢筋套筒灌浆连接应用技术规程》（JGJ 355—2015）和《钢筋连接用套筒灌浆料》（JG/T 408—2013）的规定，见表4-1。

表4-1　套筒灌浆料的技术性能

项目		性能指标
流动度/mm	初始	≥300
	30min	≥260
抗压强度/MPa	1d	≥35
	3d	≥60
	28d	≥85
竖向膨胀率/（%）	3h	≥0.02
	24h 与3h 的膨胀率之差	0.02 ~ 0.5
氯离子含量/（%）		≤0.03
泌水率/（%）		0

不同生产厂家套筒灌浆料的性能均应符合行业标准的要求。灌浆料抗压强度越高，越有利于保证灌浆接头的连接性能；在规定范围内，灌浆料拌合物流动度越高越方便施工作业，灌浆饱满度也越容易保证。

在套筒灌浆料成品中，任意抽取小份产品进行检测，性能均应满足表4-1所要求的指标。

2. 浆锚搭接灌浆料

（1）材料组成

浆锚搭接灌浆料也是水泥基灌浆料，由于浆锚孔壁的抗压强度低于套筒，所以浆锚搭接灌浆料抗压强度低于套筒灌浆料抗压强度。

浆锚搭接灌浆的主要材料有高强度水泥、级配骨料和外加剂等。

（2）性能指标

现行行业标准《装配式混凝土结构技术规程》（JGJ 1—2014）第4.2.3条给出了钢筋浆锚搭接连接接头用灌浆料的性能要求，见表4-2。

表4-2　钢筋浆锚搭接连接接头用灌浆料性能要求

项目		性能指标	试验方法标准
泌水率/（%）		0	《普通混凝土拌合物性能试验方法标准》（GB/T 50080—2016）
流动度/mm	初始值	≥200	《水泥基灌浆材料应用技术规范》（GB/T 50448—2015）
	30min 保留值	≥150	
竖向膨胀率/（%）	3h	≥0.02	《水泥基灌浆材料应用技术规范》（GB/T 50448—2015）
	24h 与 3h 的膨胀率之差	0.02～0.5	

项目		性能指标	试验方法标准
抗压强度 /MPa	1d	≥35	《水泥基灌浆材料应用 技术规范》 （GB/T 50448—2015）
	3d	≥55	
	28d	≥80	
氯离子含量/（%）		≤0.06	《混凝土外加剂匀质性 试验方法》 （GB/T 8077—2012）

3. 接缝封堵及分仓材料

（1）座浆料

1）材料组成。座浆料也称高强封堵料，是装配式混凝土结构连接节点封堵密封及分仓使用的水泥基材料。

座浆料的主要材料有高强度水泥、级配骨料和外加剂等。

2）性能指标。座浆料具有强度高、干缩小、和易性好（可塑性好，封堵后无坍落）、粘结性能好且方便使用的特点。

座浆料性能指标见表4-3（北京思达建茂科技发展有限公司 JM—Z 座浆料指标）。

表4-3　座浆料性能指标

项目	技术指标	试验标准
胶砂流动度/mm	130～170	《水泥胶砂流动度测定方法》 （GB/T 2419—2016）
抗压强度/MPa	1d≥30	《水泥胶砂强度试验》（GB/T 17671—1999）
	28d≥50	

3）试验报告。座浆料进场时，生产厂家应提供合格证和试验报告，图4-1为深圳市现代营造科技有限公司的座浆料试验报告样式。

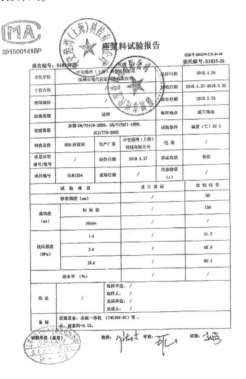

图4-1　深圳市现代营造科技有限公司座浆料试验报告样式

（2）接缝封堵及分仓的其他材料

接缝封堵及分仓材料除了座浆料外，常用的材料还有木方、充气管、橡塑海绵胶条、木板、PVC管（图4-2）和聚乙烯泡沫棒（图4-3）等。

1）橡塑海绵胶条一般采用的规格为宽度15～20mm，厚度25～30mm。具体宽度选用前应进行计算，计算公式见式（8-1）。

2）PVC管一般采用的规格为外径ϕ20mm。

3）聚乙烯泡沫棒一般采用的规格为外径ϕ20mm。

图4-2　接缝封堵用PVC管　　图4-3　接缝封堵用聚乙烯泡沫棒

4. 后浇混凝土区用的灌浆套筒

梁与梁或者梁与柱在后浇混凝土的水平钢筋连接有时采用灌浆套筒连接，使用的套筒为全灌浆套筒（图4-4）。

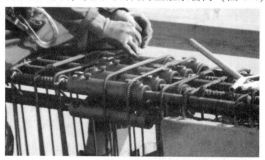

图4-4　后浇混凝土区用全灌浆套筒进行钢筋连接

（1）采用的全灌浆套筒规格型号应根据设计要求进行选用。

（2）灌浆套筒进场时，应按组批规则的要求从每一检验批中随机抽取10个灌浆套筒进行外观、标识和尺寸偏差的验收，并应满足下列要求：

1）灌浆套筒外表面不应有影响使用性能的夹渣、冷隔、砂眼、缩孔或裂纹等质量缺陷。

2）机械加工灌浆套筒表面不应有裂纹或影响接头性能的其他缺陷，端面或外表面的边棱处应无尖棱、毛刺。

3）灌浆套筒外表面标识应清晰。

4）灌浆套筒表面不应有锈皮。

（3）灌浆套筒尺寸偏差应符合《钢筋连接用灌浆套筒》（JG/T 398—2012）的要求（表4-4）。

表4-4　灌浆套筒尺寸偏差

序号	项目	灌浆套筒尺寸偏差					
		铸造灌浆套筒			机械加工灌浆套筒		
		12 ~ 20	22 ~ 32	36 ~ 40	12 ~ 20	22 ~ 32	36 ~ 40
1	钢筋直径/mm	12 ~ 20	22 ~ 32	36 ~ 40	12 ~ 20	22 ~ 32	36 ~ 40
2	外径允许偏差/mm	± 0.8	± 1.0	± 1.5	± 0.6	± 0.8	± 0.8
3	壁厚允许偏差/mm	± 0.8	± 1.0	± 1.2	± 0.5	± 0.6	± 0.8
4	长度允许偏差/mm	± $(0.01 \times L)$			± 2.0		
5	锚固段环形凸起部分的内径允许偏差/mm	± 1.5			± 1.0		
6	锚固段环形凸起部分的内径最小尺寸与钢筋公称直径差值/mm	≥10			≥10		
7	直螺纹精度	—			《普通螺纹　公差》（GB/T 197—2003）中 6H 级		

5. 堵孔塞

灌浆作业完成后一般用堵孔塞封堵灌浆套筒的灌浆孔与出浆孔及浆锚孔的灌浆孔，堵孔塞一般由耐酸、耐碱、耐腐蚀的橡塑材料或者其他软质的材料制成（图4-5），以确保可以重复使用。

图4-5　常用堵孔塞实物

4.2　灌浆料检验

1. 型式检验

（1）型式检验的条件

有下列情况之一时，应进行型式检验：

1）新产品的定型鉴定时。

2）正式生产后如材料及工艺有较大变动，可能影响产品质量时。

3）停产半年以上恢复生产时。

4）型式检验超过两年时。

（2）型式检验项目的内容

1）初始流动度。

2）30min 流动度。

3）1d、3d 和 28d 抗压强度。

4）3h 竖向自由膨胀率。

5）竖向自由膨胀率24h 与 3h 的差值。

6）氯离子含量、泌水率等。

型式检验报告见图 4-6 ~ 图 4-9。

检 测
CNAS L0684

编 号		
试验编号	2016 TC 0381	
委托编号	TC-JC-WL-2016-1580	

表式 JC-042

工程名称	材料检验	试件编号	——
委托单位	北京思达建茂科技发展有限公司	委 托 人	王雪飞
生产单位	北京思达建茂科技发展有限公司	样品名称	CGMJM-Ⅷ型高强灌浆料（钢筋接套筒灌浆专用）
送检日期	2016 年 8 月 26 日	加水量	干料×11.2%
代表数量	——	试验日期	2016 年 8 月 29 日

检 验 结 果

试验项目	试验数据		性能指标	检测值	单项评定
流动度 (mm)	初始值		≥300	320	合格
	30min		≥280	305	合格
	60min		≥260	275	合格
竖向膨胀率 (%)	3h		≥0.02	0.177	合格
	24h 与 3 h 的膨胀值之差		0.02～0.5	0.099	合格
抗压强度（MPa）	1d		≥35	38.4	合格
	3d		≥60	65.1	合格
	28d		≥110	112.2	合格
泌水率 (%)			0	0	合格
氯离子含量 (%)			≤0.03	0.012	合格

结论：依据 Q/CPJMJ0006-2015《CGMJM 钢筋接头灌浆料》、JG/T 408-2013《钢筋连接用套筒灌浆料》及 JGJ355-2015《钢筋套筒灌浆连接应用技术规程》标准，送检样品所检项目符合标准中Ⅷ型的性能指标要求。

批 准	黄月玲	审 核	于闻	试 验	兰雪飞
试验单位	国家工业建构筑物质量安全监督检验中心				
报告日期	2016 年 9 月 28 日				

图 4-6　灌浆料型式检验报告

（报告由北京思达建茂科技发展有限公司提供）

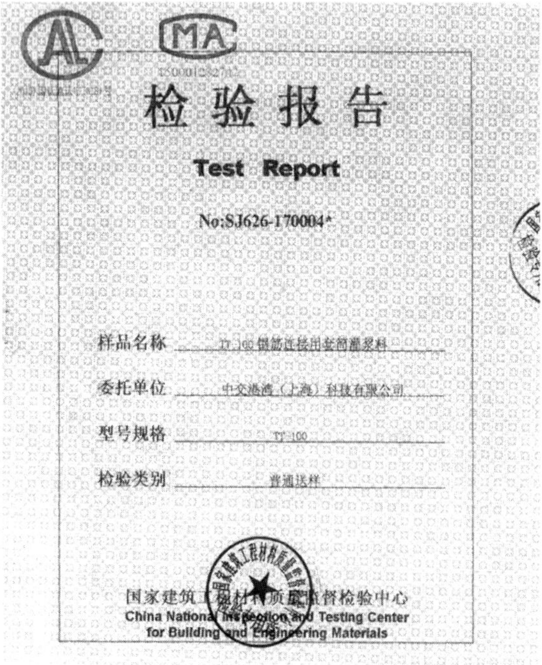

检 验 报 告

Test Report

No:SJ626-170004*

样品名称 ___TJ·100钢筋连接用套筒灌浆料___

委托单位 ___中交港湾（上海）科技有限公司___

型号规格 ___TJ·100___

检验类别 ___普通送样___

国家建筑工程材料质量监督检验中心
China National Inspection and Testing Center
for Building and Engineering Materials

图4-7 灌浆料型式检验报告
（报告由深圳市现代营造科技有限公司提供）

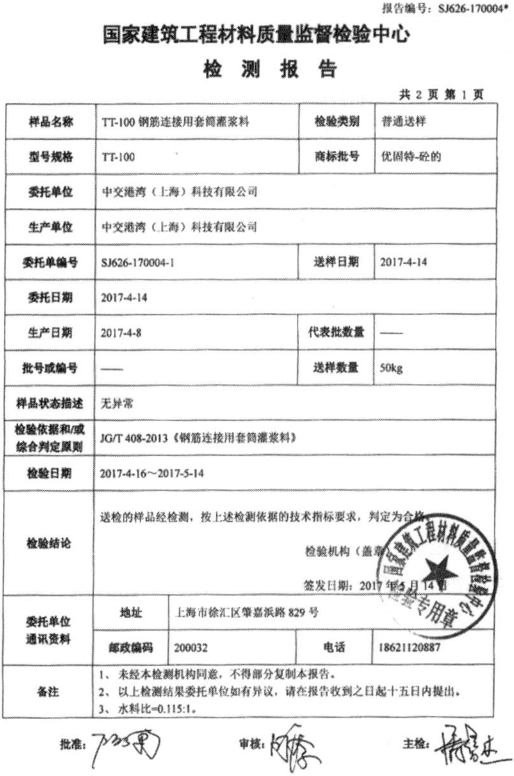

报告编号：SJ626-170004*

国家建筑工程材料质量监督检验中心

检 测 报 告

共 2 页 第 1 页

样品名称	TT-100 钢筋连接用套筒灌浆料	检验类别	普通送样
型号规格	TT-100	商标批号	优固特-砼的
委托单位	中交港湾（上海）科技有限公司		
生产单位	中交港湾（上海）科技有限公司		
委托单编号	SJ626-170004-1	送样日期	2017-4-14
委托日期	2017-4-14		
生产日期	2017-4-8	代表批数量	——
批号或编号	——	送样数量	50kg
样品状态描述	无异常		
检验依据和/或综合判定原则	JG/T 408-2013《钢筋连接用套筒灌浆料》		
检验日期	2017-4-16～2017-5-14		
检验结论	送检的样品经检测，按上述检测依据的技术指标要求，判定为合格。 检验机构（盖章） 签发日期：2017 年 5 月 14 日		
委托单位通讯资料	地址	上海市徐汇区肇嘉浜路 829 号	
	邮政编码	200032	电话 18621120887
备注	1、未经本检测机构同意，不得部分复制本报告。 2、以上检测结果委托单位如有异议，请在报告收到之日起十五日内提出。 3、水料比=0.115:1。		

批准： 审核： 主检：

图 4-8 灌浆料型式检验报告

（报告由深圳市现代营造科技有限公司提供）

报告编号：SJ626-170004*

国家建筑工程材料质量监督检验中心

检 测 报 告

共2页 第2页

检验结果汇总					
序号	检测项目		标准值	检验结果	单项判定
1	流动度/mm	初始流动度	≥300	374	合格
		30min流动度	≥260	356	合格
2	竖向膨胀率/(%)	3h	≥0.02	0.43	合格
		24与3h差值	0.02~0.5	0.31	合格
3	抗压强度/MPa	1d	≥35	56	合格
		3d	≥60	77	合格
		28d	≥85	97	合格
4	氯离子含量/（%）		≤0.03	0.01	合格
5	泌水率/（%）		0	0	合格
说明					

图 4-9　灌浆料型式检验报告

（报告由深圳市现代营造科技有限公司提供）

2. 出厂检验

行业标准《钢筋连接用套筒灌浆料》（JG/T 408—2013）规定，产品出厂时应进行出厂检验，出厂检验项目应包括以下几个方面：

1）初始流动度。

2）30min 流动度。

3）3h 竖向自由膨胀率。

4）竖向自由膨胀率 24h 与 3h 的差值。

5）泌水率。

3. 抗压强度检验

按批检验，以每层为一检验批。

每工作班应制作 1 组 (3 个), 且每层不应少于 3 组 40mm×40mm×160mm 的长方体试件。标准养护 28d 后进行抗压强度试验。

4. 流动度检测

灌浆料拌合物流动度是保证灌浆连接施工的关键性能指标。在任何情况下, 流动度低于要求值的灌浆料拌合物都不能用于灌浆连接施工, 以防止灌浆失败, 造成事故或安全隐患。

灌浆施工前, 应首先进行灌浆料拌合物流动度的检测, 在流动度值满足要求后方可施工, 灌浆作业应在灌浆料拌合物具有规定流动度值的时间 (可操作时间) 内完成。

5. 交货与验收

(1) 交货时生产厂家应提供产品合格证 (表4-5)、质量保证书 (表4-6) 和使用说明书等文件资料。

(2) 产品交货时质量验收可以抽取实物进行检验, 以检验结果为验收依据; 也可以以同批产品的检验报告作为验收依据。

(3) 抽取实物验收应按照国家相关规范和标准进行抽样和检验。

表 4-5   灌浆料产品合格证

收货单位		项目名称	
产品名称	钢筋连接用套筒灌浆料	规格编号	
出厂编号		执行标准	《钢筋连接用套筒灌浆料》(JG/T 408—2013)
数量		水料比	0.135:1
生产单位		生产日期	
出厂日期	见包装	检验员	

表 4-6　灌浆料产品质量保证书

编号：

收货单位			
产品名称		规格型号	
数量		出厂日期	
生产单位		生产日期	

技术标准

检测项目		性能指标	检测结果
外观		—	灰色粉末
流动度/mm	初始值	≥300	
	30min 保留值	≥260	
抗压强度/MPa	1d	≥35	
	3d	≥60	
	28d	≥85	
竖向膨胀率/（%）	3h	≥0.02	
	24h 与 3h 差值	0.02～0.5	
泌水率		0	
有效期限		12 个月	
检验依据	《钢筋连接用套筒灌浆料》（JG/T 408—2013）	检验员	
说明		水:粉=0.135:1	

4.3　灌浆料保管

灌浆料的保管应注意以下几点：

（1）灌浆料存放应做到防水、防潮、防晒，存放在通风的地方，底部应使用托盘或木方隔垫，必要时库房可撒生石灰防潮。

（2）气温高于25℃时，灌浆料应储存于通风、干燥、阴凉处，运输过程中应注意避免阳光长时间照射。

（3）灌浆料保质期一般为90d，灌浆料应在保质期内使用完毕，灌浆料宜采取多次少量的方式进行采购。

第5章 灌浆设备与工具

本章介绍灌浆料制备设备与工具（5.1）、灌浆设备（5.2）、灌浆作业的类型（5.3）、灌浆管线（5.4）和灌浆备用设备及配件（5.5）。

5.1 灌浆料制备设备与工具

1. 浆料搅拌器（手提式搅拌器）

浆料搅拌器（图5-1）用于灌浆料搅拌，其主要技术参数为：

（1）功率：1200~1400W。

（2）转速：0~800rpm可调。

（3）电压：单相220V/50Hz。

（4）搅拌头：片状或圆形花栏。

2. 电子秤

电子秤（图5-2）用于精确称量灌浆料干料，其主要技术参数为：

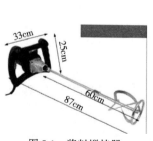

图5-1 浆料搅拌器

图5-2 电子秤

（1）量程：30～50kg。

（2）测量精度：0.01kg。

3. 刻度量杯

刻度量杯（图5-3）用于精确称量灌浆料搅拌用水，容量一般为2L～5L。

4. 平板手推车

平板手推车（图5-4）用于灌浆料等材料的水平运输，尺寸一般为600mm×800mm。

图5-3　量杯

图5-4　平板手推车

5. 浆料搅拌桶

浆料搅拌桶（图5-5）用于灌浆料拌合物的搅拌，一般采用 ϕ300mm×H400mm 的不锈钢平底桶。

6. 电子测温仪（图5-6）

电子测温仪用于测量灌浆料拌合物的温度，其主要技术

图 5-5　浆料搅拌桶

参数为：

（1）测温范围：-30 ~ 130℃。

（2）分辨率：0.1℃。

（3）操作环境温度：-20 ~ 50℃。

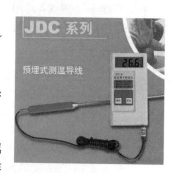

图 5-6　电子测温仪

7. 试块试模

试块试模（图 5-7）属于标准试验用具，用于制作灌浆料抗压强度试验的试块。试块试模规格一般为 40mm × 40mm × 160mm，三联一组。

图 5-7　试块试模

8. 截锥圆模

截锥圆模（图5-8）属于标准试验用具，用于检测灌浆料拌合物的流动度。截锥圆模规格为上口内径（70±0.5）mm，下口内径（100±0.5）mm，下口外径120mm，高度（60±0.5）mm。

9. 玻璃板

玻璃板（图5-9）用于检测灌浆料拌合物流动度的底模，一般规格为400mm×400mm×5mm。

10. 计时器

计时器用于记录灌浆料的搅拌时间，普通计时器（图5-10）即可。如果没有计时器也可以采用手机自带的计时器进行计时。

图5-8　截锥圆模

图5-9　玻璃板

图5-10　计时器

5.2　灌浆设备

压力灌浆工艺分为机械压力灌浆和手动灌浆两种类型。

机械压力灌浆使用电动灌浆机；手动灌浆使用手动灌浆枪。

目前常用的电动灌浆机根据工作原理分为电动螺杆式灌浆机、电动泵管挤压式灌浆机和气动压力式灌浆机三种类型。

选用灌浆机时应根据灌浆料特性和灌浆工艺要求选用灌浆压力等参数符合要求的灌浆机。

手动灌浆枪也适用于补灌工艺。

1. 电动螺杆式灌浆机

（1）工作原理

电动螺杆式灌浆机（图5-11）的工作原理是：电动机带动减速器和输送螺旋杆转动，将灌浆料拌合物输送到增压螺杆或增压定子组成的增压仓内，并使灌浆料拌合物克服管道阻力而达到灌浆部位。

图5-11 电动螺杆式灌浆机

（2）设备构造

电动螺杆式灌浆机由电动机、减速器、料斗、增压定子总成、测压接头灌浆管和电器系统等部件组成。

（3）主要技术参数

螺杆式灌浆机主要技术参数见表5-1（仅供参考）。

表 5-1　螺杆式灌浆机主要技术参数

项目（GS20 型）	单位	参数
出浆量	L/h	500
电动机功率（电源 380V）	kW	1.1
灌注压力	MPa	0.5～3.0（可调）
输送距离 垂直	m	50
输送距离 水平	m	180
料斗容积	L	30
外形尺寸（长×宽×高）	mm	500×500×980
整机质量	kg	75

（4）优点

1）灌浆压力可调，以满足不同黏度的灌浆料拌合物。

2）被动升压，便于控制和保持灌浆压力。

3）适合长时间、大体积和高压力灌浆。

2. 电动泵管挤压式灌浆机

（1）工作原理

电动泵管挤压式灌浆机（图 5-12）的工作原理是：电动机带动减速器，通过传动轴转动三个挤压轴，使挤压轴与软泵管不断挤压，从而将灌浆料拌合物从料斗通过软泵管输送到灌浆部位。

（2）设备构造

电动泵管挤压式灌浆机由电动机、减速器、软泵管（灌浆管）、料斗和电器控制器等部件构成。

（3）主要技术参数

电动泵管挤压式灌浆机主要技术参数见表 5-2（仅供参考）。

图 5-12　电动泵管挤压式灌浆机（北京思达建茂生产）

表 5-2　电动泵管挤压式灌浆机主要技术参数

项目（JM-GJB 5D 型）	单位	参数
使用范围		骨料粒径小于 2mm 的灌浆料
出浆量	L	≥5（以每分钟出水流量计算）
电动机功率（电源 220V）	kW	0.75
灌注压力	MPa	1.2
料斗容积	L	20
外形尺寸（长×宽×高）	mm	800×340×840
整机质量	kg	75

（4）优点

1）流量稳定，速度可调节。

2）适合不同黏度灌浆料拌合物。

3）体积小，移动方便。

3．气动压力式灌浆机

（1）工作原理

气动压力式灌浆机（图5-13）是利用气压差，将封闭储料罐中的灌浆料拌合物通过灌浆管输送到灌浆部位。

（2）设备构造

气动压力式灌浆机由气泵、储料罐、压力表、输送软管（灌浆管）和枪头等部件组成。

（3）主要技术参数

气动压力式灌浆机主要技术参数见表5-3（仅供参考）。

图5-13　气动压力式灌浆机
（深圳市现代营造生产）

表5-3　气动压力式灌浆机主要技术参数

项目（JM-GJB 5D型）	单位	参数
使用范围		骨料粒径小于2mm的灌浆料
出浆量	L/min	4～5（以每分钟出水流量计算）
电动机功率（电源220V）	kW	0.75
灌注压力	MPa	0～0.7（可调）
料斗容积	L	25
外形尺寸（长×宽×高）	mm	500×400×100
整机质量	kg	50

（4）优点

1）灌浆压力可调。

2）操作简单，清洗方便，不宜损坏。

4. 手动灌浆枪

手动灌浆枪适用于竖向单个套筒、制作灌浆接头、补浆以及水平钢筋连接套筒的灌浆（图 5-14）；一般枪腔的容量为 0.7L。

图 5-14　手动灌浆枪

5.3　灌浆作业的类型

1. 机械灌浆

机械灌浆作业是利用灌浆机的机械压力，将搅拌好的灌浆料拌合物利用压力灌满整个封闭的空腔；再通过压力的持续输送，充满整个套筒；在整个作业过程中，套筒上的出浆孔起到排气的作用，使灌浆料拌合物得到充分填充（图 2-7）。出浆口也是灌浆是否饱满的检测部位。机械灌浆主要用于多个套筒同时灌浆，也可用于单个套筒灌浆。

2. 手动灌浆

手动灌浆主要适用于单个套筒及浆锚孔灌浆，利用手动灌浆枪的挤压压力，将灌浆料拌合物充满整个套筒或浆锚孔。

5.4 灌浆管线

灌浆管为耐高压的橡胶管，能够承受的压力要与所使用的电动灌浆机灌注压力相匹配，如北京思达建茂科技发展有限公司提供的电动灌浆机配套的灌浆管承受压力可达1.2MPa。

灌浆料拌合物强度可达到80MPa以上且初凝较快，因此，灌浆作业要求连续进行，不得中途停止作业，同时要求在灌浆作业后及时清理设备及灌浆管，避免灌浆管堵塞。

5.5 灌浆备用设备及配件

由于灌浆要求连续作业，所以需要配备相关的备用设备和设备易损件等。

1. 备用设备

（1）发电机

1）施工过程突然断电或施工现场无固定电源，需要利用发电机（图5-15）发电，解决电源问题。

图5-15 发电机

2）由于灌浆机及高压水枪功率通常较小，一般不超过2kW。因此，备用3kW的三相柴油发电机即可满足使用需要。

（2）高压水枪

1）在灌浆作业施工过程中若出现意外情况，导致灌浆作业不能连续进行，需要用高压水枪（图5-16），将灌浆料拌合物冲洗干净。

2）高压水枪设备参考参数为：功率1.5kW，流量5L/min，最大压力9MPa。

图5-16　高压水枪

（3）浆料搅拌器

由于灌浆需要连续作业，浆料搅拌器电动机极易发热，有可能导致电动机烧毁，为避免影响施工，需要备用一台浆料搅拌器。

（4）手动灌浆枪

手动灌浆枪属于易耗品，需要有备用品。

2. 设备配件

（1）电动灌浆机

电动灌浆机的轴套、压力表（如有）、灌浆管和电器元件等属于易损件，需要有备用件。

（2）浆料搅拌器

浆料搅拌器的电刷及搅拌杆属于易损件，需要有备用件。

第6章 灌浆试验

灌浆作业是装配式混凝土结构施工的重点和核心环节，直接影响到装配式混凝土建筑的结构安全。因此，在灌浆作业之前，对灌浆材料进行必要的试验与检测是保证灌浆质量的前提。本章介绍国家标准对灌浆试验的要求（6.1）、灌浆试验用具（6.2）、灌浆试验操作步骤（6.3）、灌浆试验结果报告及归档（6.4）和灌浆试验用具清理与存放（6.5）。

6.1 国家标准对灌浆试验的要求

（1）《装标》（GB/T 51231—2016）中规定钢筋套筒灌浆连接接头采用的灌浆料，应符合现行行业标准《钢筋连接用套筒灌浆料》（JG/T 408—2013）的规定。

（2）按照国家和行业标准的要求应对灌浆料进行流动度、抗压强度、竖向自由膨胀率、氯离子含量和泌水率等项目的试验（见第4.2节），并进行灌浆套筒连接性能的试验。

（3）目前，项目现场根据材料的特征，灌浆作业前一般只进行灌浆料拌合物流动度、灌浆料抗压强度和灌浆套筒连接性能三个项目的试验（图6-1~图6-3）。

（4）灌浆料竖向自由膨胀率、氯离子含量和泌水率等试验需要特殊的试验器具，项目现场一般不具备试验的条件，多由材料生产厂家在材料出厂前进行试验，并需向项目现场提供型式检验报告。项目现场认为有必要进行复测时，可委托第三方检测机构进行试验。

（5）以上试验项目主要是常用的钢筋套筒灌浆连接确定的试验项目，浆锚搭接灌浆连接及倒插法钢筋套筒灌浆连接也须按照国家标准要求、材料性能特点和实际情况进行相关试验，试验项目及方法可参照本章进行。

图 6-1　灌浆料拌合物　　　　图 6-2　灌浆料抗压强度
流动度检测　　　　　　　检测试块制作

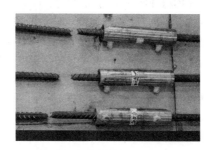

图 6-3　灌浆套筒连接性能试验

6.2　灌浆试验用具

1. 灌浆料拌合物流动度试验用具

灌浆料拌合物流动度试验需要的用具主要包括以下几个方面（表 6-1）：

表6-1 灌浆料拌合物流动度试验用具

名称	规格型号	用途	图示
浆料搅拌器	功率:1200~1400W; 转速:0~800rpm 可调; 电压:单相 220V/50Hz; 搅拌头:片状或圆形花栏	浆料搅拌	
浆料搅拌桶	φ300mm × H400mm 不锈钢平底桶	调制浆料	
刻度量杯	刻度量杯: 2L~5L	称量水	
截锥圆模	上口内径(70±0.5)mm,下口内径(100±0.5)mm,下口外径120mm,高度(60±0.5)mm	标准试验用具	
玻璃板	400mm ×400mm ×5mm	流动度底模	
钢卷尺	5m	流动度测量	

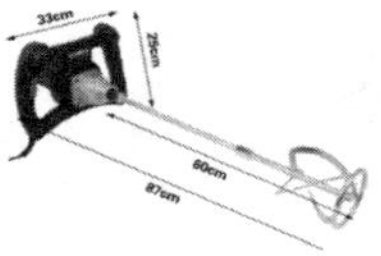

（1）浆料搅拌器

（2）浆料搅拌桶

（3）刻度量杯

（4）截锥圆模

（5）玻璃板

（6）钢卷尺

（7）直角拐尺

（8）其他

2. 灌浆料抗压强度检测试块制作用具

灌浆料抗压强度检测试块制作用具主要包括以下几个方面（表6-2）：

（1）浆料搅拌器

（2）浆料搅拌桶

（3）刻度量杯

（4）试块模具

（5）其他

3. 灌浆套筒连接性能试验试件制作用具

灌浆套筒连接性能试验试件制作用具主要包括以下几个方面（表6-3）：

（1）电动灌浆机（见第5.2节）

（2）浆料搅拌器

（3）浆料搅拌桶

（4）刻度量杯

（5）配套套筒

（6）配套钢筋

（7）其他

表 6-2 灌浆料抗压强度检测试块制作用具

名称	浆料搅拌器	浆料搅拌桶	刻度量杯	试块模具
规格型号	功率:1200~1400W; 转速:0~800rpm可调; 电压:单相220V/50Hz; 搅拌头:片状或圆形花栏	φ300mm × H400mm 不锈钢平底桶	刻度量杯:2L~5L	40mm×40mm×160mm 三联一组
用途	浆料搅拌	调制浆料	称量水	标准试验用具
图示	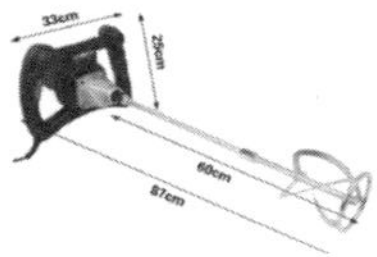			

表 6-3 灌浆套筒连接能性试验试件制作用具

名称	浆料搅拌器	浆料搅拌桶	刻度量杯	配套套筒	配套钢筋
规格型号	功率:1200～1400W; 转速:0～800rpm 可调; 电压:单相 220V/50Hz; 搅拌头:片状或圆形花栏	$\phi 300mm \times$ $H400mm$ 不锈钢平底桶	刻度量杯: 2L～5L	现场构件实际 利用用的套筒	现场与套筒 配套的钢筋
用途	浆料搅拌	调制浆料	称量水	标准试验用具	标准用料
图示	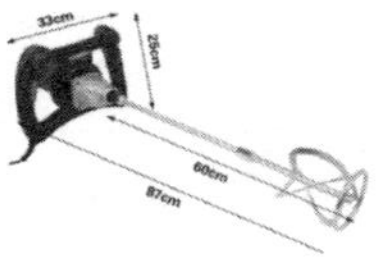				

6.3 灌浆试验操作步骤

1. 灌浆料拌合物流动度试验操作步骤

（1）将玻璃板放置在水平位置，用湿布将玻璃板和截锥圆模均匀擦拭，使其表面湿润而不带水滴。将截锥圆模放在玻璃板中央，并用湿布覆盖待用（图6-4）。

（2）按照产品说明的水料比进行灌浆料搅拌，搅拌完成后，静置排气待用。

（3）将制好的灌浆料拌合物迅速注入截锥圆模内，用刮刀刮平，将截锥圆模按垂直方向提起，同时开启秒表计时，至30秒时用直尺量取流淌灌浆料拌合物互相垂直的两个方向的最大直径，取平均值作为灌浆料的初始流动度（图6-1）。此灌浆料拌合物应丢弃，不得重复使用。

图6-4　截锥圆模和玻璃板

（4）剩余灌浆料拌合物静置时，应用湿布覆盖搅拌桶。

（5）搅拌桶内的剩余灌浆料拌合物，静置30分钟后，开启搅拌器，搅匀灌浆料拌合物，然后按步骤第（3）条的方法测定流动度，所得数值即为灌浆料30分钟的流动度。

（6）灌浆料拌合物合格流动度参数见表6-4。

2. 灌浆料抗压强度试验操作步骤

（1）灌浆料搅拌完成后，灌浆料拌合物必须经过静置排气后方可进行试块制作，且灌浆料拌合物不可放置时间过长。

（2）试块制作前，应将试模清理干净，试模内壁均匀涂刷脱模剂。

（3）试块制作时，灌浆料拌合物应填塞密实，用小锤轻敲振动试模外壁，使灌浆料拌合物内气泡充分排出（图6-5）。

图6-5　试块制作

（4）试块制作完成后，应将试块放置在具有一定湿度的标养室内进行养护（图6-6）。

（5）标养条件下，试块制作完成24h后，即可进行脱模。

（6）脱模后，将制作时间和施工部位等参数标记在试块上（图6-7）。

图6-6　试块标养室内养护

图6-7　试块参数标记

（7）试块标准养护28d后进行抗压强度试验。

（8）灌浆料合格抗压强度参数见表6-4。

表6-4　灌浆料合格流动度及抗压强度

项目		性能指标
流动度	初始值	≥300mm
	30分钟实测值	≥260mm
抗压强度	龄期1d	≥35MPa
	龄期3d	≥60MPa
	龄期28d	≥85MPa
竖向自由膨胀率	3h实测值	0.01%~0.30%
	24h与3h差值	0.02%~0.50%
氯离子含量		≤0.03%
泌水率		0
施工最低温度控制值		≥5℃

3. 灌浆套筒连接性能试验步骤

按照《装标》（GB/T 51231—2016）的规定，预埋到预制构件中的钢筋套筒灌浆连接接头的抗拉强度试验应在预制构件生产前在预制构件工厂完成，工地是否需要验证，应根据具体实际情况确定。

（1）将试验用的套筒和已剪切好的试验用钢筋按规范进行连接。如果是半灌浆套筒，在钢筋上套上密封胶圈，封堵套筒下口；如果是全灌浆套筒，需要在上下两根钢筋上都套上密封胶圈，封堵套筒上下口。

（2）用电动灌浆机将灌浆料拌合物从灌浆孔灌入套筒内，待出浆口流出圆柱体灌浆料拌合物后，用堵孔塞封住出浆孔；停止 30 秒，拔出灌浆管，立即用堵孔塞将灌浆孔封住。

（3）制作好的试件应放置在具有一定湿度的标养室内进行养护。

（4）在试件上标记好部位及制作时间。

（5）试件的拉拔试验应由专业试验机构完成。

6.4　灌浆试验结果报告及归档

灌浆料拌合物流动度、灌浆料抗压强度和灌浆套筒连接性能三个项目试验的整个过程应做好记录，包括试验时间、试验用材料、试验用具、试验人员、试验操作步骤和试验结果，并形成试验报告，对关键步骤应进行拍照或录像，试验完成后将试验报告和照片、视频录像等资料归档。

6.5　灌浆试验用具清理与存放

（1）试验完成后，应及时彻底清洗试验用具。

（2）易碎及精密用具应进行封箱保管。

（3）其他用具应集中分类存放。

（4）所有试验用具的出入库应实行登记制度。

第7章 灌浆作业准备

全面、完善地做好灌浆作业准备工作是灌浆作业顺利进行及灌浆质量得到保障的前提。本章主要介绍灌浆作业准备清单（7.1），灌浆人员、设备及工具、材料准备（7.2），灌浆作业技术准备（7.3），灌浆前相关检查作业（7.4），预制构件安装后支撑固定与微调（7.5）以及技术交底及操作规程培训（7.6）。

7.1 灌浆作业准备清单

灌浆作业前主要做好以下几方面准备工作。

1. 人员准备

配备足额、合格的灌浆作业人员和专职质检人员（见7.2.1）。

2. 设备及工具准备

主要准备好下列设备及工具（见7.2.2）：

(1) 灌浆料制备设备及工具

(2) 灌浆设备

(3) 灌浆试验用具

(4) 备用设备

(5) 接缝封堵和分仓设备及工具

(6) 视频设备

(7) 其他

3. 材料准备

主要准备好下列材料（见7.2.3）：

(1) 套筒灌浆料或浆锚搭接灌浆料

(2) 现场用套筒

（3）分仓材料

（4）接缝封堵材料

（5）其他

4. 技术准备

主要做好下列技术准备工作（见第7.3节）：

（1）专项施工方案

（2）材料性能试验

（3）灌浆模拟试验

5. 灌浆作业前的相关检查

灌浆作业前，应主要做好下列检查工作：

（1）连接钢筋检查，见7.4.1。

（2）结合面检查，见7.4.2。

（3）套筒或浆锚孔检查，见7.4.3。

（4）灌浆孔和出浆孔检查，见7.4.4。

（5）设备、工具、电源和水源等检查，见7.4.5。

6. 支撑固定与微调

预制构件安装后，对支撑进行固定与微调（见第7.5节）。

7. 技术交底和操作规程培训

灌浆作业前，技术人员需要对灌浆作业人员进行技术交底和操作规程培训（见第7.6节），灌浆作业人员经考核合格后方可上岗作业。

7.2 灌浆人员、设备及工具、材料准备

7.2.1 人员准备

1. 作业人员准备

（1）灌浆作业人员须经过培训考核，全面掌握灌浆施工

技术并持证上岗；应根据工期、作业面积计算出需要的作业人员和时间，及时配备、调整作业人员，确保灌浆作业按计划实施。

（2）一般每组需要 4 名作业人员，具体如下：

1）组长 1 人。

2）操作人员 3 人。

（3）每组作业人员需要协同完成接缝封堵、分仓、灌浆料搅拌和灌浆等作业。

（4）根据实践经验，每组作业人员完成一根截面积 $600mm \times 600mm$ 预制柱的灌浆作业累计时间需要 20 分钟左右；完成一个 3m 左右，间距为 200mm 的双排套筒剪力墙灌浆作业累计时间需要 15 分钟左右；完成一个 3m 左右，单排套筒内剪力墙的灌浆作业累计时间需要 10 分钟左右。

2. 质检人员准备

灌浆作业应配备专职质检人员，对灌浆作业进行全过程检查和监督。

7.2.2 设备及工具准备

（1）灌浆料制备设备与工具

1）浆料搅拌器

2）电子秤

3）刻度量杯

4）平板手推车

5）浆料搅拌桶

6）电线和电缆

7）电子测温仪

8）试块试模

9）截锥圆模

10）玻璃板

11）计时器

详见第5.1节。

（2）灌浆设备

1）电动灌浆机

2）手动灌浆抢

3）其他

详见第5.2节。

（3）灌浆试验用具

1）浆料搅拌器

2）浆料搅拌桶

3）刻度量杯

4）截锥圆模

5）玻璃板

6）钢卷尺

7）直角拐尺

8）试块试模

9）试验用套筒

10）试验用钢筋

11）其他

详见第6.2节。

（4）备用设备。为防止设备损坏或停水停电，影响灌浆作业正常进行，须准备备用设备与材料，具体包括以下几方面内容：

1）发电机

2）高压水泵

3）水管

4）浆料搅拌器

5）手动灌浆枪

6）设备配件

7）其他

详见第5.5节。

（5）接缝封堵和分仓设备及工具

1）搅拌器

2）搅拌桶

3）电子秤

4）空压机

5）刻度量杯

6）其他

详见8.1.2。

（6）视频设备

如高清视频摄像机。

7.2.3 材料准备

主要准备套筒灌浆料或浆锚搭接灌浆料、现场用套筒、分仓材料和接缝封堵材料等。

1. 材料质量性能要求

（1）各种材料必须严格按照相关规范及设计要求进行采购。

（2）钢筋套筒灌浆连接应符合《钢筋套筒灌浆连接应用技术规程》（JGJ 355—2015）的规定，施工现场应有符合要求的接头试件型式检验报告（表7-1）。

表7-1 接头试件型式检验报告

接头名称				送检日期	
送检单位				钢筋牌号与公称直径/mm	
钢筋母材试验结果		试件编号	No. 1	No. 2	No. 3	要求指标
		屈服强度/(N/mm²)				
		抗拉强度/(N/mm²)				
试验结果	偏置单向拉伸	试件编号	No. 1	No. 2	No. 3	要求指标
		屈服强度/(N/mm²)				
		抗拉强度/(N/mm²)				
		破坏形式				钢筋拉断
	对中单向拉伸	试件编号	No. 4	No. 5	No. 6	要求指标
		屈服强度/(N/mm²)				
		抗拉强度/(N/mm²)				
		残余变形（mm）				
		最大力下总伸长率（%）				
		破坏形式				钢筋拉断
	高应力反复拉压	试件编号	No. 7	No. 8	No. 9	要求指标
		抗拉强度/(N/mm²)				
		残余变形/mm				
		破坏形式				钢筋拉断
	大变形反复拉压	试件编号	No. 10	No. 11	No. 12	要求指标
		抗拉强度/(N/mm²)				
		残余变形/mm				
		破坏形式				钢筋拉断
评定结论					
检验单位				试验日期	
试验员			试件制作监督人		
校核			负责人		

（3）套筒灌浆料应采用由接头型式检验确定的相匹配的灌浆料。

（4）套筒灌浆料的技术性能见表4-1，浆锚搭接灌浆料的技术性能见表4-2。

（5）灌浆料进场时可由灌浆料生产单位对灌浆料的使用进行技术交底（表7-2）。

表7-2　灌浆料进场使用技术交底

供货单位		项目名称	
销售产品	灌浆料	项目地址	
施工单位			
技术交接人及联系方式		施工技术负责人及联系方式	
技术交接内容			

1. 现场施工环境：温度＿＿℃；湿度＿＿＿；备注：＿＿＿＿＿＿＿。

2. 现场应用产品适配方式：配合比：＿＿＿＿；备注：＿＿＿＿＿。

3. 搅拌方式及使用工具：＿＿＿＿＿＿＿＿＿＿＿＿＿＿＿＿。

4. 产品应用部位及使用方式：＿＿＿＿＿＿＿＿＿＿＿＿＿＿＿。

5. 养护方式：＿＿＿＿＿＿＿＿＿＿＿＿＿＿＿＿＿＿＿＿＿。

6. 其他注意事项：

技术交接人签字：

日　　　期：

施工方现场技术负责人意见

1. 产品应用技术是否交接清楚：＿＿＿＿＿＿＿＿＿＿＿＿＿＿。

2. 对于现场技术指导人员交接技术有何异议：＿＿＿＿＿＿＿＿。

3. 对于使用产品有何异议：＿＿＿＿＿＿＿＿＿＿＿＿＿＿＿＿。

4. 对于现场技术指导人员服务态度是否满意：＿＿＿＿＿＿＿＿。

5. 其他意见：

施工现场负责人签字：

日　　　期：

（6）分仓材料通常采用抗压强度为 50MPa 的座浆料。

（7）接缝封堵常用的材料有抗压强度为 50MPa 座浆料、木方、充气管、橡塑海绵胶条、木板、PVC 管和聚乙烯泡沫棒等。

（8）当现场同时存有座浆料、套筒灌浆料及浆锚搭接灌浆料等材料时，需要对不同材料做明显标识并分区域存放，避免操作失误、用错材料。

（9）按要求对灌浆料、套筒、分仓材料和接缝封堵材料等进行报审，监理单位审核通过后方可使用。

（10）可以根据实际情况计算出每个构件所使用的灌浆料用量。

灌浆料用量计算可参考下列公式：

单个套筒灌浆料拌合物用量（体积）=（套筒内径截面面积 – 连接钢筋截面面积）×套筒空腔的有效高度

接缝处灌浆料拌合物用量（体积）= 结合面底面面积 × 结合面缝隙高度（通常为 20mm）

单个预制构件灌浆料拌合物用量（体积）=（接缝处灌浆料拌合物用量 + n ×单个套筒灌浆料拌合物用量）×1.1（损耗系数）

单个预制构件灌浆料拌合物用量（质量）= 单个预制构件灌浆料拌合物用量（体积）×灌浆料拌合物容重

以水料比 11% 为例：单个预制构件灌浆料用量（质量）= 单个预制构件灌浆料拌合物用量（质量）×100/（100 + 11）

2. 材料进场验收文件

现场对进场材料实物验收前，需要先行验收进场材料的相关文件，具体包括以下几个方面。

（1）送（发）货单

送（发）货单是随同材料进场必需的资料之一，应包含下列内容：

1）送（发）货单单号。

2）货物名称、规格、数量、单价和金额等。

3）发货单位名称、收货单位名称和收货单位地址等。

4）发货日期。

5）其他必需说明的内容（如运输车号和联系方式等）。

送货单样式见图7-1。

送 货 单 No.0000000

购货时间：_____   预约交货时间：_____

供货方（甲方）：_____   购货方（乙方）：_____

联系电话：_____   联系电话：_____

售货电话：_____   送货地址：_____

产品名称及规格	产地	单位	数量	单价	金额	备注

合计金额（大写）　拾　万　仟　佰　拾　元（小写：　　元）

定金（大写）　　　　　金额（大写）

第一联 存留

图7-1　送货单式样

采购人员及库房管理员应对送货单内容逐项核对，如有异议，应要求对方说明或根据实际情况在送货单上注明，无异议后再办理材料接收及入库手续。

（2）质量保证书

质量保证书是随同材料进场必需的资料之一，是材料质量的证明文件。根据材料不同，其格式及内容也有差异（灌浆料材料质量保证书见表4-6），但均应包含下列内容：

1）质量保证书编号。

2）材料名称和规格等。

3）检验项目、指标和结果等。

4）生产单位、生产日期和发货日期等。

5）检验依据和检验人员等。

6）其他必需说明的内容。

7.3 灌浆作业技术准备

7.3.1 编制专项施工方案

（1）灌浆作业前，应编制套筒灌浆连接专项施工方案。

（2）专项施工方案应当由施工单位技术负责人审核签字并加盖单位公章，经总监理工程师签字并加盖执业印章后方可实施。

（3）专项施工方案应明确吊装灌浆工序作业时间节点、灌浆料搅拌、接缝封堵工艺、分仓设置、补浆工艺和座浆工艺等要求。还需要编制堵缝漏气或其他原因导致无法实现灌浆饱满时，冲洗已灌入的灌浆料拌合物，重新进行接缝封堵的应急预案。

7.3.2　材料性能试验

根据材料的特征和相关规范要求，灌浆作业前应进行灌浆料拌合物流动度、灌浆料抗压强度和灌浆套筒连接性能三个项目的试验，详见第6章。

7.3.3　灌浆模拟试验

特殊结构体系或复杂预制构件，灌浆作业前宜进行灌浆工艺可行性和合理性的试验，可做成比例1:1可视的灌浆作业模型（图7-2），观察灌浆料拌合物的流动路径、排气情况和饱满度情况，由此制定正确的灌浆作业方案，避免出现灌浆不饱满等现象。

图7-2　套筒灌浆试验模型

7.4　灌浆前相关检查作业

7.4.1　连接钢筋检查

1. 竖向钢筋套筒灌浆连接伸出钢筋的检查

（1）检查伸出钢筋的规格、数量、位置和长度。检查方式为目测和尺量，检查数量为全数检查。

1）现浇混凝土伸出的钢筋应采用专用模具进行定位（图7-3），并采用可靠的固定措施控制连接钢筋的中心位置及伸出钢筋的长度，以满足设计要求。

图7-3　钢筋定位模板

2）钢筋位置偏差不得大于±3mm（可用钢筋位置检验模板检测）；如果钢筋位置偏差超过要求，并在可校正范围内，可用钢管套住钢筋等方法进行校正（图7-4）。

3）钢筋长度偏差在0～15mm。

（2）检查伸出钢筋上是否残留混凝土，如有应清理干净。检查方式为目测，检查数量为全数检查。

图7-4　钢筋矫正

2. 水平钢筋套筒灌浆连接钢筋检查

（1）检查连接钢筋的规格、数量、位置和长度（图7-5）。检查方式为目测和尺量，检查数量为全数检查。

1）连接钢筋的外表面应标记插入灌浆套筒最小锚固长度，标记位置应准确，标记颜色应清晰。

2）预制构件吊装后，检查两侧预制构件伸出的待连接钢筋对正情况，轴线偏差不得大于±5mm。

3）对灌浆套筒与钢筋之间的缝隙应采取防止灌浆料拌合物外漏的封堵措施。

4）如果超过偏差需要进行纠偏处理。

（2）检查连接钢筋上是否残留混凝土，如有应清理干净。检查方式为目测，检查数量为全数检查。

图7-5 灌浆套筒水平灌浆连接钢筋检查

7.4.2 预制构件安装前对结合面的检查

（1）预制构件安装前，应将结合面清理干净。

（2）如果设计要求结合面有键槽或粗糙面，应对键槽或粗糙面情况进行检查，如不符合要求或遗漏，应采取剔凿等方式进行处理。

（3）预制构件底部应放置调整接缝高度和预制构件标高的垫片。

（4）高温干燥季节应对构件与灌浆料接触的表面做润湿处理，但不得形成积水（图7-6）。

（5）采用座浆料进

图7-6 结合面润湿处理

行接缝封堵和分仓时，预制构件安装前须对座浆料的高度和密实度进行检查（图7-7）。

图7-7　接缝封堵和分仓的座浆料检查

7.4.3　套筒或浆锚孔检查

（1）检查套筒数量是否与伸出钢筋数量相符。检查方式为目测，检查数量为全数检查。

（2）检查套筒内部或浆锚孔内部是否有影响灌浆料拌合物流动的杂物，确保孔路畅通。如有可用空压机吹出套筒或浆锚孔内部松散杂物。检查方式为手电透光检查（图7-8）或通气检查（图7-9），检查数量为全数检查。

图7-8　手电透光方式检查套筒　　　图7-9　通气方式检查套筒

7.4.4　灌浆孔和出浆孔检查

（1）参照伸出钢筋数量检查灌浆孔和出浆孔的数量，每个伸出钢筋对应一个灌浆孔及一个出浆孔。检查方式为目测，检查数量为全数检查。

（2）检查灌浆孔和出浆孔是否有残留的砂浆等，如有应清理干净。检查方式为目测，检查数量为全数检查。

7.4.5　设备、工具、电源和水源等检查

（1）检查各种设备及工具的规格型号、数量、技术参数和使用要求是否满足施工及设计要求，如不符合应及时更换。检查方式为目测及参数比较，检查数量为全数检查。

（2）检查电器设备的电源和开关是否完好，并接通电源对设备进行空转调试。

（3）灌浆机应接通电源，用水做压力试验，确保设备正常。

（4）有减速机的灌浆设备启动前应检查减速箱的润滑油是否符合要求。

（5）检查灌浆设备的灌浆管是否有破损。

（6）检查空压机是否能正常工作。

（7）检查搅拌器是否能正常运转。

（8）设备及工具在灌浆作业完成后应立即清理，避免设备管路堵塞，设备及工具表面应保持干净。

（9）电子秤等计量设备应定期校验，每次使用前应进行检查，确保计量准确。

（10）检查作业面楼层的水源，在作业区域附近应放置备用水桶，且应备足水。

7.5 预制构件安装后支撑固定与微调

1. 竖向预制构件斜支撑的固定与微调

（1）斜支撑的上支点宜设置在预制构件高度的 2/3 处。

（2）斜支撑在地面上的支点，应使斜支撑与地面的水平夹角保持在 45°～60°。

（3）斜支撑应设计成长度可调节形式。

（4）每个预制柱斜支撑不少于两个，且须在相邻两个面上支设（图 7-10）。

（5）每块预制剪力墙板通常需要安装两道斜支撑（图 7-11）。

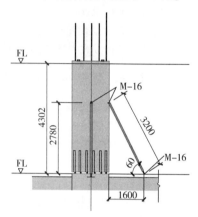

图 7-10　预制柱斜支撑示意

图 7-11　预制剪力墙板斜支撑实例

（6）斜支撑应与预制构件及地面上的支撑点进行可靠连接。

（7）预制构件安装就位后，通过调节斜支撑对预制构件的位置和垂直度进行微调。

1）可通过旋转斜支撑杆调整预制柱的垂直度和预制剪力墙板的位置及垂直度。

2）旋转斜支撑杆的同时，用钢卷尺和水平尺测量预制柱的垂直度或预制剪力墙板的位置和垂直度，边测量边调整。

3）在校正预制构件垂直度时，应同时调节两侧斜支撑，以避免预制构件产生扭转或位移。

2. 预制梁支撑的固定与微调

预制梁的支撑体系（图 7-12）在预制梁吊装前进行搭设，预制梁在吊装或移位进行钢筋对接过程中，要随时检查支撑的牢固程度和预制梁的水平情况。如果预制梁水平出

图 7-12 预制梁支撑体系

现偏差，可以通过调整支撑的相关部件对预制梁水平进行微调，以保证连接钢筋对位准确。

7.6 技术交底及操作规程培训

（1）技术交底及操作规程培训应由技术部门负责，技术

人员针对项目特点、材料选择、质量要求、人员要求和设备要求等对作业人员进行技术交底和操作规程培训。

（2）技术交底和操作规程培训的主要内容包括以下几方面：

1）灌浆作业准备。

2）灌浆工艺原理。

3）灌浆工艺流程。

4）灌浆操作规程。

5）灌浆注意事项。

6）质量标准要求。

7）设备操作方法。

8）检测检验方法。

9）安全工作要点。

（3）技术交底及操作规程培训应采取通俗易懂的语言，配合直观的实物及照片、视频资料等，以便达到培训的实际效果。

（4）应做好技术交底及操作规程培训的记录（表7-3），并存档。

表7-3　灌浆作业培训记录

培训时间：　年　月　日	培训题目：灌浆作业指导书		培训老师：
培训地点：			培训方式：
培训人员签到			
姓名	身份证号		岗位
姓名	身份证号		岗位
姓名	身份证号		岗位
姓名	身份证号		岗位
姓名	身份证号		岗位

培训内容：

    1）灌浆作业准备。

    2）灌浆工艺原理。

    3）灌浆工艺流程。

    4）灌浆操作规程。

    5）灌浆注意事项。

    6）质量标准要求。

    7）设备操作方法。

    8）检测检验方法。

    9）安全工作要点。

培训有效性评估	独立操作（是、否）
考核方式及成绩	笔试（合格、不合格）
考核人	

第8章　接缝封堵与分仓作业

接缝封堵和分仓作业是装配式混凝土建筑灌浆作业的重要环节，如果接缝封堵不密实、分仓作业不合理，就会漏气，导致灌浆不饱满，形成非常严重的质量隐患；接缝封堵、分仓作业达不到要求，还很可能造成灌浆失败。本章介绍接缝封堵（8.1）、剪力墙分仓（8.2）、接缝封堵和分仓作业常见问题及解决方法（8.3）。

8.1　接缝封堵

灌浆作业前应对预制构件底部与结合面接缝的外沿进行封堵，使接缝部位处于密闭状态，确保灌浆作业时灌浆料拌合物不会溢出，并充满整个套筒及接缝部位，以达到上下层钢筋可靠连接的目的。

8.1.1　接缝封堵方式

预制柱和预制剪力墙板等竖向预制构件的接缝封堵方式见表8-1。

表8-1　预制柱和预制剪力墙板等竖向预制构件的接缝封堵方式

预制构件类型		木方封堵	充气管封堵	橡塑海绵胶条封堵	座浆料封堵		木板封堵
					座浆方式	抹浆方式	
预制柱		√	√	×	×	×	×
预制剪力墙内墙板		×	×	×	√	√	×
普通预制剪力墙外墙板	有脚手架	×	×	×	√	√	√
	无脚手架	×	×	√（外侧、在保证钢筋保护层厚度的前提下）	√	√（内侧）	×
预制夹芯保温剪力墙外墙板		×	×	√（外侧保温板处）	√（内侧）	√（内侧）	×

1. 预制柱接缝封堵方式

（1）木方封堵方式（图8-1和图8-2）

利用木方及木楔对预制柱底部与结合面接缝的外沿进行封堵。

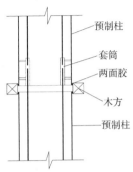

预制柱

套筒

两面胶

木方

预制柱

图8-1　木方封堵方式实例　图8-2　木方封堵方式示意

（2）充气管封堵方式（图8-3和图8-4）

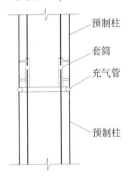

预制柱

套筒

充气管

预制柱

图8-3　充气管封堵方式实例　图8-4　充气管封堵方式示意

将充气管充气后对预制柱底部与结合面接缝的外沿进行

封堵。

（3）座浆料抹浆的封堵方式

预制柱不适宜采用座浆料座浆的封堵方式，因为许多预制柱的混凝土强度在 C50 以上，座浆料的强度一般达不到 C50，如果采用座浆方式，会削弱接缝处强度，因此不能采用座浆方式施工。

预制柱接缝用座浆料封堵时，一般采用在接缝边用座浆料抹浆的方式封堵，在接缝的外侧抹出一定的堆积角（图 8-5）。

图 8-5　座浆料抹浆封堵
方式实例

2. 预制剪力墙板接缝封堵类型及方式

预制剪力墙板接缝封堵分为预制剪力墙内墙板接缝封堵、外围有脚手架的普通预制剪力墙外墙板接缝封堵、外围无脚手架的普通预制剪力墙外墙板接缝封堵和预制夹芯保温剪力墙板接缝封堵四种类型。

（1）预制剪力墙内墙板接缝封堵方式

1）座浆料座浆的封堵方式（图 8-6）。

①预制构件安装前，提前在预制构件与结合面接缝处的外沿内侧铺设座浆料。

②座浆料座浆的封堵方式需

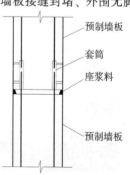

图 8-6　座浆料座浆封堵
方式示意

预制墙板

套筒

座浆料

预制墙板

要控制好座浆的时间、座浆料堆积高度和座浆料的宽度。

③预制构件安装完毕后，应及时用专用工具对缝隙处进行修平，座浆料封堵应密实。

2）座浆料抹浆的封堵方式（图8-7）。

①预制构件安装完成后，在预制构件与结合面接缝处的外沿用座浆料进行抹浆封堵。

②座浆料抹浆的封堵方式应使用专用工具，严格控制好座浆料进入接缝的尺寸，不得对钢筋保护层的厚度造成影响。抹浆后，应检查座浆料封堵的密实性。

（2）外围有脚手架的普通预制剪力墙外墙板接缝封堵方式

1）座浆料座浆的封堵方式（图8-6）。

与剪力墙内墙板座浆料座浆的封堵方式相同。

2）座浆料抹浆的封堵方式（图8-7）。

与剪力墙内墙板座浆料抹浆的封堵方式相同。

3）木板封堵方式（图8-8）。

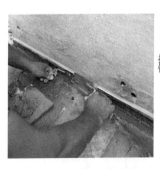

图8-7 座浆料抹浆封堵方式实例

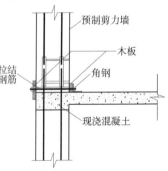

图8-8 木板封堵方式示意

①木板封堵方式利用木板、角钢及拉结铁线进行加固封

堵，与采用座浆料封堵相比节省了座浆料凝固时间，提高了整体施工效率。

②木板封堵方式需要注意内侧模板及角钢的高度不应超过35mm，避免堵住灌浆孔，影响灌浆作业。

（3）外围无脚手架的普通预制剪力墙外墙板接缝封堵方式

1）座浆料座浆的封堵方式（图8-9）。

与剪力墙内墙板座浆料座浆的封堵方式相同。

2）外侧采用座浆料座浆的封堵方式、内侧采用座浆料抹浆的封堵方式。

因外围无外脚手架，剪力墙板安装后外侧接缝无法进行封堵作业，所以外侧接缝采用座浆方式进行封堵。

图8-9　外围无脚手架座浆料座浆封堵方式

内侧根据作业要求，可选择预制构件安装完毕后进行抹浆封堵的方式。

3）为了接缝打胶方便、美观，在保证钢筋保护层厚度的前提下，也可采用外侧用适宜宽度的橡塑海绵胶条等材料封堵、内侧采用座浆料座浆（或抹浆）的封堵方式（图8-10）。

（4）预制夹芯保温剪力墙板接缝封堵方式

1）外侧采用橡塑海绵胶条粘贴到保温材料上、内侧采用座浆料座浆或抹浆的组合封堵方式（图8-11）。

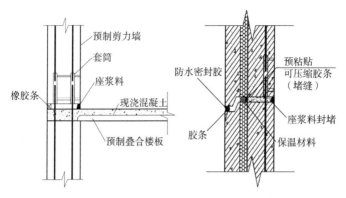

图 8-10　外围无脚手架座浆料和　图 8-11　夹芯保温剪力墙板座浆料
橡塑海绵胶条组合封堵方式示意　与橡塑海绵胶条组合封堵方式示意

2）预制夹芯保温剪力墙板由内叶板、保温层和外叶板构成。外叶板设有防水构造，所以外侧无法用座浆料进行封堵，只能采用在保温板处粘贴同时用钢钉固定橡塑海绵胶条的封堵方式。

3）橡塑海绵胶条封堵的质量，直接影响灌浆工艺的成败，因此必须严格按照操作规程及技术要求铺设橡塑海绵胶条；同时还应保证胶条的厚度与弹性，预制夹芯保温剪力墙板安装后，胶条要有 10mm 的压缩空间，压缩后胶条不能错位。

4）用于接缝封堵的橡塑海绵。胶条宽度应控制小于或等于 B_m。B_m 计算见式（8-1）。

$$B_m = \frac{1}{2}D_T + d_g - \frac{1}{2}d \qquad 式（8-1）$$

式中　B_m——胶条最大宽度；

　　　D_T——套筒直径；

d_g——箍筋直径；

d——连接钢筋直径。

8.1.2 接缝封堵材料与工具

1. 木方封堵材料与工具

（1）材料

木方（40mm×40mm）、木楔、对拉螺杆、山型卡、螺母、橡胶垫或双面胶。

（2）工具

扳手、手锤和电钻。

2. 充气管封堵材料与工具

（1）材料

充气管带和充气管接头。

（2）工具

空压机、钳子和螺丝刀。

3. 座浆料座浆方式的封堵材料与工具

（1）材料

座浆料和水。

（2）工具

搅拌器、搅拌桶、电子秤、空压机和刻度量杯。

4. 座浆料抹浆方式的封堵材料与工具

（1）材料

座浆料、软管、PVC管或专用材料、水、木板条和钢钉。

（2）工具

搅拌器、搅拌桶、电子秤、刻度量杯、抹子和灰桶。

5. 橡塑海绵胶条封堵材料与工具

（1）材料

橡胶海绵胶条（宽度 15～20mm、厚度 25～30mm）、双面胶和钢钉。

（2）工具

手锤、钳子和壁纸刀。

6. 木板封堵材料与工具

（1）材料

木板、铁线、角钢和双面胶。

（2）工具

手电钻、钻头、钳子、螺丝刀、铁锤、角磨机和切割片。

8.1.3 接缝封堵操作规程

预制构件安装前，用风机将预制构件根部清理干净，避免根部灰尘及混凝土残渣堆积堵塞灌浆孔，影响灌浆质量。接缝封堵应严密，避免因漏气而漏浆。

1. 木方封堵操作规程

（1）木方按照预制柱的外形尺寸进行裁剪；其中两根短木方的尺寸与预制柱截面短边的尺寸相同，另外两根木方比柱的截面长边的尺寸长 400mm。如果柱的截面为通常的正方形，两根短木方的尺寸与预制柱截面边的尺寸相同，另外两根木方比柱的截面边的尺寸，也就是短木方的尺寸长 400mm。

（2）在长木方距离端头 50mm 处钻孔，孔的尺寸为 $\phi20$mm，利用对拉螺杆加固。

（3）将预制柱底部与结合面的接缝清理干净。

（4）木方与预制柱的接触面应刨平整，还应粘贴双面胶等防止漏气。

（5）铺设木方，两长两短分别放置在相同方向的两边，利用对拉螺杆进行加固，同时查看木方底部是否有缝隙，如有需重新超平。

（6）螺杆加固后，再用木楔在柱与木方周边进行加固。

2. 充气管封堵操作规程

（1）充气管的直径应大于封堵缝的间隙 2~3mm。

（2）根据预制柱尺寸对充气管进行裁剪，充气管长度比预制柱周长尺寸长出 300mm，以便于充气封堵。

（3）对充气管进行充气压力测试，充气达到 1.2~1.5MPa，充气管未发生变形方可使用。

（4）将预制柱底部与结合面的接缝清理干净，并将接缝部位用水润湿。

（5）铺设充气管，将充气管直径约 2/3 塞进预制柱根部，绕预制柱根部一周，结点部位进行封闭，首尾相连。

（6）空压机与充气管进气口连接进行充气，在空压机压力表达到 1.2~1.5MPa 时停止充气，检查充气管封堵的密闭情况。

3. 座浆料座浆封堵操作规程

（1）准备座浆料，一般采用抗压强度为 50MPa 的座浆料，座浆 24h 后即可灌浆。严格按照说明书上的水料比进行搅拌操作，控制座浆料的流动性。

（2）将预制剪力墙板底部与结合面的接缝清理干净，将封堵部位用水润湿，保证座浆料与混凝土之间良好的粘结性。

（3）预制剪力墙板安装前，将座浆料按照宽度 20mm，长度与预制剪力墙板长度尺寸相同，高度高出调平垫块 5mm 的形式铺在预制剪力墙板的结合面上，座浆料的外侧与预制剪力墙板的边缘线齐平（图8-12）。

（4）预制剪力墙板安装完毕后，及时对座浆料进行抹

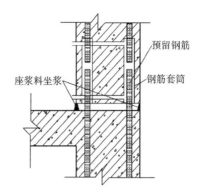

图 8-12 座浆料座浆封堵示意

平，确保封堵密实没有漏浆；在确认座浆料达到要求强度后方可进行灌浆作业。

4. 座浆料抹浆封堵操作规程

（1）准备座浆料，一般采用抗压强度为 50MPa 的座浆料，抹浆 24h 后即可灌浆。严格按照说明书上的水料比进行搅拌操作，控制座浆料的流动性。

（2）将预制柱或预制剪力墙板底部与结合面的接缝清理干净，将封堵部位用水润湿，保证座浆料与混凝土之间良好的粘结性。

（3）进行封堵时，用 PVC 管等作为座浆料封堵模具塞入接缝中，然后填抹 15～20mm 深的座浆料，封堵采用一段连续封堵的方式，抹好后抽出 PVC 管进行下一段封堵，抽出 PVC 管时尽量不要扰动抹好的座浆料（图 8-13）。

（4）座浆料宜抹压成一个倒角，可增加与楼地面的摩擦力，保证灌浆时不会因灌浆压力大而发生座浆料整体被挤出的情况（图 8-14）。

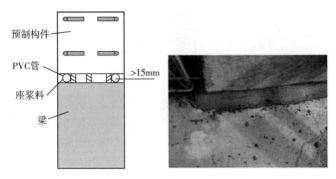

图 8-13 座浆料抹浆封堵示意　　图 8-14 座浆料抹压成倒角实例

（5）填抹完成后，在确认座浆料达到要求强度后方可进行灌浆作业。

（6）座浆料封堵完成后外侧可以用宽度为 20～30mm 木板靠紧，并用水泥钉进行加固，木板加固的方式可以缩短接缝封堵与灌浆时间间隔，以提高接缝封堵强度和效率（图8-5）。

5. 橡塑海绵胶条和座浆料组合封堵操作规程

（1）预制剪力墙板外侧（预制夹芯保温剪力墙板为保温材料部位）采用橡塑海绵胶条封堵。

1）清理结合面表面。

2）撕掉橡塑海绵胶条的外衬，将橡塑海绵胶条粘贴在结合面（预制夹芯保温剪力墙板为保温材料）表面。

3）为防止橡塑海绵胶条移位，可利用钢钉将胶条固定在结合面上。

（2）预制剪力墙板内侧采用座浆料座浆或抹浆方式封堵。

1）座浆料座浆封堵方式作业执行本节第 3 条的操作规程。

2）座浆料抹浆封堵方式作业执行本节第 4 条的操作规程。

6. 木板封堵操作规程

1）预制剪力墙板外侧木板裁剪成 50～60mm 宽，在距离端部 50mm 处双排钻孔，木板长度方向的孔间距为 300mm；内侧木板裁剪成 30～35mm 宽，在宽度方向与外侧木板孔的对应位置双排钻孔。内、外侧木板的孔眼位置应保证安装时在接缝缝隙处。

2）调整好外侧木板位置，用铁线穿过木板，并从接缝处将铁线穿到预制剪力墙板的内侧，与内侧的角钢或角钢与木板组合件绑扎牢固。

3）木板与预制剪力墙板的接触面应保持平整，还应粘贴双面胶等防止漏气。

4）灌浆完成 24h 后，拆除木板及角钢，并将裸露的铁线割除，并做好接缝表面清理工作。

8.2 剪力墙分仓

8.2.1 分仓的目的与原则

1. 分仓目的

灌浆的单仓长度越长，灌浆阻力和灌浆压力越大，导致灌浆时间增长，灌浆套筒内灌浆料拌合物不饱满的风险就越大，并且对接缝封堵的材料强度要求就越高。

进行合理分仓后，灌浆料拌合物能够在有效的压力作用下顺利排出仓内的空气，使灌浆料拌合物充满整个接缝空腔及套筒内部，达到钢筋有效且可靠连接的目的。

采用灌浆机进行连续灌浆时，一般单仓长度应在 1.0～

1.5m。

采用手动灌浆枪灌浆则单仓长度不应大于0.3m。

也可以经过实体灌浆试验确定合理的单仓长度。

2. 分仓原则

（1）预制剪力墙的灌浆作业一般采取分仓的方式（图8-15）。

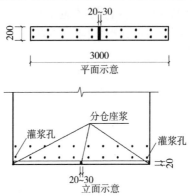

图8-15　剪力墙板灌浆分仓示意

（2）分仓材料通常采用抗压强度为50MPa的座浆料，常温下一般在分仓24h后方可灌浆。

（3）分仓长度一般应控制在1.0～1.5m。

（4）分仓作业要严格控制分隔条的宽度及分隔条与主筋的距离，分隔条的宽度一般控制在20～30mm，分隔条与连接主筋的间距应大于50mm。

8.2.2　分仓构造

通常使用座浆料对预制剪力墙的灌浆区域进行分仓，分仓构造如图8-16所示。

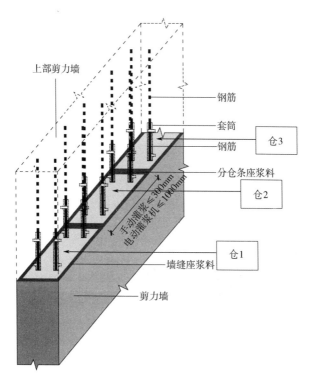

图 8-16　剪力墙板分仓构造示意

8.2.3　分仓操作规程

（1）用风筒将结合面上的残渣和灰尘清理干净。

（2）将分仓部位用水湿润。

（3）座浆料应按照厂家提供的水料比进行搅拌，搅拌充分后进行铺设。

（4）分仓作业时控制好分隔条与主筋的间距，分隔条与主筋间距应大于 50mm。

（5）分仓后保证座浆料没有靠近套筒边缘。

（6）分隔条的高度应比正常标高略高，一般高出 5mm 左右。

（7）分隔条的宽度应在 20～30mm。

（8）分仓后在预制剪力墙板上标记分仓位置，填写分仓记录表（表 8-2），并记录分仓时间，以便于计算分仓座浆料强度。

（9）对上述工序进行检查，如不合格需要进行整改。

表 8-2　分仓记录

项目名称		楼栋号		
墙板编号		分仓时间		
检查内容				
分仓长度和位置	示意图			
分隔条宽度	示意图			
分仓标记	示意图			
检查结果	□合格		□待处理	
操作人		检查人		检查时间

8.3　接缝封堵和分仓作业常见问题及解决方法

8.3.1　接缝封堵作业常见问题及解决方法

1. 座浆料封堵时结合面未清理干净

原因分析：接缝封堵作业前，结合面没有认真清理，有杂物或混凝土粉尘，导致座浆料不能与结合面完好结合，易产生缝隙或裂纹，导致灌浆时漏气、漏浆，甚至导致灌浆作业失败。

解决方法：封堵时，作业人员必须将结合面清理干净，经专职质检人员检查确认后，方可进行接缝封堵作业。

2. 座浆料流动度超过使用值

原因分析：座浆料搅拌时，加水过多，导致座浆料流动度大，座浆料与结合面的结合不密实，灌浆时漏气、漏浆，甚至导致灌浆作业失败。

解决方法：根据座浆料的水料比，在加水用量杯上标记好刻度线，方便作业人员保证加水量精确。

3. 座浆料尺寸失控

原因分析：座浆料的宽度及高度尺寸没有按要求进行控制，随意堆积座浆料，导致座浆料受压后流到钢筋根部，堵死套筒底部，使灌浆作业无法进行。

解决方法：严格控制座浆料的用量和座浆料宽度及高度尺寸，吊装作业前须经专职质检人员检查确认。

4. 灌浆时座浆料未达到强度

原因分析：座浆料未达到要求强度，提前灌浆，导致座浆料被冲走，灌浆失败。

解决方法：座浆料必须达到要求强度后方可灌浆。

5. 与橡塑海绵胶条的结合部位清理不到位

原因分析：橡塑海绵胶条铺设前，与其结合部位没有清理干净，导致橡塑海绵胶条与结合部位不能紧密结合。

解决方法：橡塑海绵胶条在粘贴前，必须将结合面清理干净。

8.3.2 分仓作业常见问题及解决方法

1. 未进行分仓

原因分析：作业人员没有按要求对灌浆部位进行分仓，导致灌浆作业无法进行。

解决方法：剪力墙板安装前专业质检人员须对分仓完成情况进行检查。

2. 分仓位置不正确

原因分析：分仓位置未避开钢筋或分仓尺寸过大，导致灌浆作业失败。

解决方法：作业人员应严格按照施工方案要求进行分仓作业。分仓作业后，专业质检人员对分仓情况应进行严格检查。

3. 标高不准确

原因分析：因上道工序混凝土浇筑的结构标高未达到要求，分仓时没有验证和确定标高，分仓高度出现偏差，导致分仓失败。

解决方法：严格控制混凝土标高，在分仓时根据垫片的高度，准确调整分仓用座浆料的高度。

第9章　灌浆料搅拌

本章介绍灌浆料类型（9.1）、灌浆料搅拌操作规程（9.2）和灌浆料抗压强度试块制作（9.3）。

9.1　灌浆料类型

装配式混凝土建筑钢筋连接用的灌浆料分为套筒灌浆料和浆锚搭接灌浆料。

（1）套筒灌浆料是以水泥为基本材料，配以细骨料、混凝土外加剂和其他材料组成的干混料，加水搅拌后具有规定的流动性、早强、高强和微膨胀等性能指标。

（2）浆锚搭接灌浆料也是水泥基灌浆料，由于浆锚孔壁的抗压强度低于套筒，所以浆锚搭接灌浆料的抗压强度低于套筒灌浆料的抗压强度。浆锚搭接灌浆料的主要材料是高强度水泥、级配骨料和外加剂等。

（3）套筒灌浆料的技术性能见表4-1，浆锚搭接灌浆料的技术性能见表4-2。

9.2　灌浆料搅拌操作规程

1. 灌浆料搅拌操作规程

（1）灌浆料水料比应按照灌浆料厂家说明书的要求确定。

（2）目前常用的灌浆料（如北京思达建茂科技发展有限公司生产的灌浆料），水料比一般为11%～14%（100kg的灌浆料、11～14kg的水），还应根据季节的不同，通过现场灌浆料拌合物流动度试验对水料比进行适当调整。

（3）在搅拌桶内加入 100% 的水，加入 70% ~ 80% 的灌浆料（图 9-1）。

（4）利用搅拌器搅拌 1 ~ 2 分钟，建议采用计时器计时。

图 9-1　灌浆料倒入搅拌桶

（5）然后加入剩余的灌浆料，继续搅拌 3 ~ 4 分钟（图 9-2）。

图 9-2　灌浆料搅拌

（6）搅拌完毕后，灌浆料拌合物在搅拌桶内静置 2 ~ 3 分钟，进行排气。

（7）待灌浆料拌合物内气泡自然排出后，进行流动度测试，灌浆料拌合物流动度要求在 300 ~ 350mm（图 9-3）。

（8）每班灌浆前均要对灌浆料拌合物进行流动度测试。

图 9-3　流动度测试

（9）流动度满足要求后，将灌浆料拌合物倒入灌浆机内（图9-4），进行灌浆作业。

图9-4 灌浆料倒入灌浆机

2. 不同环境温度下灌浆料搅拌注意事项

（1）夏天环境温度高于30℃时，严禁将灌浆料直接暴晒在阳光下。

（2）夏天环境温度高于30℃时，灌浆料搅拌用水宜使用25℃以下的清水。

（3）夏天严禁搅拌设备和灌浆设备在阳光下暴晒，使用前应用清水对搅拌设备和灌浆设备进行降温和湿润。

（4）冬天施工环境温度原则上不得低于5℃。冬天施工时，灌浆料搅拌用水宜使用水温不高于25℃的温水。

9.3 灌浆料抗压强度试块制作

（1）灌浆施工中，在施工现场制作灌浆料抗压强度试块。

（2）每工作班取样不少于1次，每楼层取样不少于3次。

（3）每次取样制作1组（3个）40mm×40mm×160mm

试块。

（4）试块制作、养护和抗压强度试验等见第6.3节。

（5）灌浆料抗压强度的试块和制作试块的模具见图9-5。

图9-5　灌浆料抗压强度的试块及制作试块的模具

第10章 灌浆作业

灌浆作业是装配式混凝土建筑工程施工最重要且最核心的环节之一，灌浆作业一定要严格按照规范及技术交底精心、认真地进行。本章介绍灌浆作业流程（10.1）、灌浆作业前签发灌浆令（10.2）、灌浆作业操作规程（10.3）、灌浆孔与出浆孔识别（10.4）、出浆孔封堵（10.5）、灌浆孔封堵（10.6）和灌浆作业故障与问题处理（10.7）。

10.1 灌浆作业流程

灌浆作业应当在预制构件安装后及时进行，一般而言应随层灌浆，即安装好一层预制构件后立即进行该层灌浆。隔层灌浆甚至隔多层灌浆是有危险的。

灌浆作业流程见图10-1。

10.2 灌浆作业前签发灌浆令

灌浆施工前，施工单位应会同监理单位联合对灌浆准备工作、实施条件和安全措施等进行全面检查，应重点核查伸出钢筋位置和长度、结合面情况、灌浆腔连通情况、座浆料强度、接缝分仓、分仓材料性能、接缝封堵和封堵材料性能等是否满足设计及规范要求，每个班组每天施工前应签发一份灌浆令（表10-1），灌浆令由施工单位负责人和总监理工程师同时签发，取得灌浆令后方可进行灌浆作业。

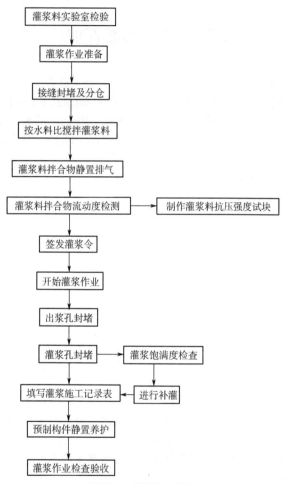

图 10-1　灌浆作业流程

表 10-1　灌浆令

工程名称					
灌浆施工单位					
灌浆施工部位					
灌浆施工时间	自　年　月　日　　时起至　　年　月　日　　时止				

灌浆施工人员	姓名	考核编号	姓名	考核编号	

工作界面完成检查及情况描述	界面检查	套筒内杂物、垃圾是否清理干净	是□　否□
		灌浆孔和出浆孔是否完好、整洁	是□　否□
	连接钢筋	钢筋表面是否整洁、无锈蚀	是□　否□
		钢筋的位置及长度是否符合要求	是□　否□
	分仓及封堵	封堵材料：　　　封堵是否密实	是□　否□
		分仓材料：　　是否按要求分仓	是□　否□
	通气检查	是否通畅 不通畅预制构件编号及套筒编号：	是□　否□

灌浆准备工作情况描述	设备	设备配置是否满足灌浆施工要求	是□　否□
	人员	是否通过考核	是□　否□
	材料	灌浆料品牌：　　检验是否合格	是□　否□
	环境	温度是否符合灌浆施工要求	是□　否□

审批意见	上述条件是否满足灌浆施工条件 同意灌浆　□　　　不同意，整改后重新申请　□		
	项目负责人		签发时间	
	总监理工程师		签发时间	

注：本表由专职检验人员填写。专职检验人员：　　　日期：

131

10.3 灌浆作业操作规程

1. 竖向套筒灌浆操作规程

（1）按照灌浆料厂家提供的水料比及灌浆料搅拌操作规程（详见第9.2节）进行灌浆料搅拌（图10-2）。

（2）将灌浆机用水湿润，避免设备机体干燥吸收灌浆料拌合物内的水分，从而影响灌浆料拌合物流动度。

图10-2 灌浆料搅拌

（3）对灌浆料拌合物流动度进行检测，记录检测数据，灌浆料拌合物流动度合格则进行下一步操作，否则重复步骤（1）搅拌作业。

（4）将搅拌好的灌浆料拌合物倒入灌浆机料斗内（图10-3），开启灌浆机。

图10-3 灌浆料拌合物倒入灌浆机料斗

（5）待灌浆料拌合物从灌浆机灌浆管流出，且流出的灌浆料拌合物为"柱状"后，将灌浆管插入需要灌浆的剪力墙或柱的灌浆孔内，开始灌浆（图10-4）。

图10-4　开始灌浆

（6）剪力墙板或柱等竖向预制构件各套筒底部接缝联通时，对所有的套筒采取连续灌浆的方式。连续灌浆是用一个灌浆孔进行灌浆，其他灌浆孔和出浆孔都作为出浆孔。

（7）待出浆孔出浆后用堵孔塞封堵出浆孔（图10-5），封堵时需要观察灌浆料拌合物流出的状态，灌浆料拌合物开始流出时，堵孔塞倾斜45°角放置在出浆孔下（图10-6），待出浆孔流出圆柱状灌浆料拌合物后，将堵孔塞塞紧出浆孔

图10-5　封堵出浆孔

（图 10-7）。

图 10-6　45°放置封堵塞

图 10-7　出浆口流出圆柱状灌浆料拌合物

（8）待所有出浆孔全部流出圆柱状灌浆料拌合物并用堵孔塞塞紧后，灌浆机持续保持灌浆状态 5～10 秒，关闭灌浆机，灌浆机灌浆管继续在灌浆孔保持 20～25 秒后，迅速将灌浆机灌浆管撤离灌浆孔，同时用封堵塞迅速封堵灌浆孔，灌浆作业完成（图 10-8）。

（9）当需要对剪力墙板或柱等竖向预制构件的连接套筒进行单独灌浆时，预制构件安装前需使用密封材料对灌浆套筒下端口与连接钢筋的缝隙进行密封。

2. 波纹管灌浆操作规程

（1）按照灌浆料厂家提供的水料比及灌浆料搅拌操作规程（详见第 9.2 节）进行灌浆料的搅拌（图 10-1）。

图 10-8　封堵灌浆孔，灌浆完成

（2）将搅拌好的灌浆料拌合物倒入手动灌浆枪内（图10-9）。

（3）手动灌浆枪对准波纹管灌浆口位置，进行灌浆；也可以通过自制漏斗把灌浆料拌合物倒入波纹管内。

（4）待灌浆料拌合物达到波纹管灌浆口位置后停止灌浆，灌浆作业完成（图10-10）。

图10-9　灌浆料拌合物
倒入手动灌浆枪内

图10-10　灌浆完成

3. 倒插法灌浆操作规程

倒插法灌浆是下部竖向预制构件（通常为预制剪力墙板，下同）上端预留侧面不带灌浆孔、出浆孔的钢管套筒（或波纹管），上部竖向预制构件的下端伸出连接钢筋（图10-11）。倒插法灌浆操作要点如下：

（1）按照灌浆料厂家提供的水料比及灌浆料搅拌操作规程（详见第9

图10-11　倒插法
灌浆示意

章第9.2节）进行灌浆料的搅拌（图10-1）。

（2）将搅拌好的灌浆料拌合物用料斗灌入套筒（或波纹管）内，也可采用手动灌浆枪灌入灌浆料拌合物。灌浆料拌合物灌入的量要提前进行计算。

（3）上部预制构件垂直缓慢放下，其下端伸出的连接钢筋插入套筒（或波纹管）。调整标高垫片，支设临时斜支撑，并调整预制构件的垂直度，调整后固定临时斜支撑，摘掉吊具吊钩。

（4）上部预制构件和下部预制构件接缝处铺设浆料的办法有三种，现简述如下：

1）灌浆前在接缝外沿内侧铺设宽为20mm，高为30mm的座浆料实现接缝封堵，然后将套筒（或波纹管）及接缝处同时灌入灌浆料拌合物，然后再安装上部的预制构件。

2）将接缝处除套筒部位外先铺设座浆料，然后将灌浆料拌合物灌入套筒（或波纹管），之后再安装上部的预制构件。采用这种方式时应采取措施避免座浆料混入套筒（或波纹管）。

3）先将套筒（或波纹管）灌满灌浆料拌合物，然后用木板进行接缝封堵（也可以在上部预制构件就位前在接缝外沿内侧铺设宽为20mm，高为30mm的座浆料实现接缝封堵），封堵严密后压力灌入灌浆料拌合物。采用这种方式需要有保证灌浆饱满度的方法，如提前精确计算灌浆料拌合物的使用量，或灌浆时设置可以检查灌浆饱满度的出浆观察孔等。

4. 水平钢筋套筒灌浆连接操作规程

（1）将所需数量的梁端箍筋套入其中一根梁的钢筋上。

（2）在待连接的两端钢筋上套入橡胶密封圈。

（3）将灌浆套筒的一端套入其中一根梁的待连接钢筋上，直至不能套入为止。

（4）移动另一根梁，将连接端的钢筋插入到灌浆套筒中，直至不能伸入为止（图10-12）。

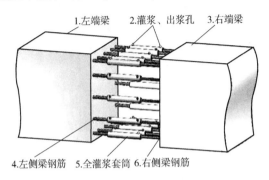

图 10-12　安装灌浆套筒

（5）将两端钢筋上的密封胶圈嵌入套筒端部，确保胶圈外表面与套筒端面齐平。

（6）将套入的箍筋按图纸要求均匀分布在连接部位外侧并逐个绑扎牢固。

（7）按照灌浆料厂家提供的水料比及灌浆料搅拌操作规程（详见第9.2节）进行灌浆料的搅拌（图10-1）。

（8）对灌浆料拌合物流动度进行检测，记录检测数据，灌浆料拌合物流动度合格后进行下一步操作，否则重复上一步搅拌作业。

（9）将搅拌好的灌浆料拌合物装入手动灌浆枪，开始对每个灌浆套筒逐一进行灌浆。

（10）采用压浆法从灌浆套筒一侧灌浆孔注入，当灌浆料拌合物在另一侧出浆孔流出时停止灌浆，用堵孔塞封堵灌浆孔和出浆孔，灌浆结束（图10-13）。

（11）灌浆套筒灌浆孔和出浆孔应朝上，保证灌满后的灌浆料拌合物高于套筒外表面最高点。

（12）灌浆孔和出浆孔也可在灌浆套筒水平轴正上方±45°的锥体范围内，并在灌浆孔和出浆孔上安装有孔口超过灌浆套筒外表面最高位置的连接管或接头。

图10-13　使用手动灌浆枪进行水平钢筋套筒灌浆

除了以上所述四种情况外，还有莲藕梁（图1-81）的钢筋穿孔及一些预制构件的定位孔灌浆，如窗下墙定位及某工业厂房项目中梁与柱连接时梁的预先定位等，这类灌浆一般采用重力式灌浆，当与灌浆套筒一并灌浆时，则应采用压力式灌浆。

10.4　灌浆孔与出浆孔识别

1. 竖向预制构件灌浆套筒灌浆孔与出浆孔识别

（1）竖向预制构件灌浆套筒的灌浆孔与出浆孔是上下对应的（图10-14）：灌浆孔在下，出浆孔在上。

（2）灌浆孔与出浆孔内径尺寸一般约为20mm，根据套筒规格不同内径尺寸也有所不同。

（3）灌浆孔与出浆孔是与灌浆套筒连接的PVC管或钢丝软管。

2. 竖向预制构件波纹管灌浆孔识别

竖向预制构件灌浆用的波纹管只有灌浆一个孔，波纹管内径尺寸约为 30mm（图 10-15）。

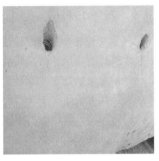

图 10-14　套筒灌浆孔和出浆孔　　　图 10-15　波纹管灌浆孔

3. 水平钢筋套筒灌浆连接灌浆孔与出浆孔识别

水平钢筋套筒灌浆连接使用的套筒灌浆孔与出浆孔没有区分，可以选择任何一个作为灌浆孔，另一个作为出浆孔。

10.5　出浆孔封堵

（1）竖向预制构件套筒灌浆时，灌浆料拌合物通过灌浆机连续地被输送至预制构件内，慢慢达到套筒出浆孔高度时灌浆料拌合物会从出浆孔流出。

（2）灌浆料拌合物开始流出时，将堵孔塞倾斜 45° 放置在出浆孔。

（3）待出浆孔流出圆柱状灌浆料拌合物后，将堵孔塞塞紧出浆孔。

（4）通过水平缝联通腔一次向预制构件的多个套筒灌浆时，应按灌浆料拌合物排出先后顺序依次封堵出浆孔。

（5）封堵时灌浆泵一直保持灌浆压力，直至所有出浆孔全部流出圆柱状的灌浆料拌合物并封堵牢固后再停止灌浆（图 10-5 和图 10-6）。

10.6　灌浆孔封堵

（1）竖向预制构件套筒灌浆时，待所有出浆孔流出圆柱体灌浆料拌合物后，将出浆孔按出浆顺序依次封堵，灌浆机持续保持灌浆状态 5 ~ 10 秒，关闭灌浆机，灌浆机灌浆管继续在灌浆孔保持 20 ~ 25 秒后，迅速将灌浆机灌浆管撤离灌浆孔，同时用堵孔塞迅速封堵灌浆孔（图 10-7）。

（2）水平钢筋套筒灌浆连接时，当灌浆套筒灌浆孔、出浆孔或与其相连的连接管或连接接头的灌浆料拌合物均高于灌浆套筒外表面最高点时应停止灌浆，并及时用堵孔塞封堵灌浆孔和出浆孔。

10.7　灌浆作业故障与问题处理

1. 灌浆作业时，突然断电或设备出现故障

（1）灌浆作业时，发生突然断电，应及时启用备用电源或小型发电机继续灌浆。

（2）灌浆作业时，灌浆机突然出现故障，要及时利用备用灌浆机进行灌浆。

（3）如果处理断电或更换灌浆机需要时间过长，要剔除构件接缝封堵材料，冲洗干净已灌入的灌浆料拌合物，重新进行接缝封堵达到强度后再次进行灌浆。

2. 灌浆失败

在实际操作中一旦出现灌浆失败，要立即停止灌浆作业，并立即用高压水枪把已灌入套筒和构件结点的灌浆料拌合物

冲洗干净，具体操作步骤如下：

（1）准备一台高压水枪、冲洗用清水和高压水管等。

（2）将已经塞进出浆口的堵孔塞全部拔出，同时将接缝封堵材料清除干净。

（3）打开高压水枪，将水管插入灌浆套筒的出浆孔，冲洗灌浆料拌合物。

（4）持续冲洗套筒内部，直至套筒下口流出清水方可停止冲洗。

（5）逐个套筒进行冲洗，切勿漏洗。

（6）套筒全部清洗干净后，将构件接缝处冲洗干净。

（7）用空压机向冲洗干净的套筒内吹压缩空气，将套筒里面的残留水分吹干。

（8）仔细检查套筒内部是否畅通，确认无误后再次进行接缝封堵，并准备重新灌浆。

3. 其他作业故障及处理

其他作业故障及处理见第12.1节。

第11章 灌浆作业检查验收

本章介绍灌浆作业检查验收环节清单（11.1）、灌浆料拌合物流动度检测（11.2）、分仓检查（11.3）、接缝封堵检查（11.4）、灌浆料抗压强度检验（11.5）、灌浆饱满度检查（11.6）、现场接头抗拉强度检验（11.7）和灌浆作业检查验收记录（11.8）。

11.1 灌浆作业检查验收环节清单

灌浆作业应做好灌浆前、灌浆过程中及灌浆后各个环节的检查及验收工作。

1. 竖向钢筋套筒灌浆连接伸出钢筋检查

检查伸出钢筋的数量、规格、位置、长度及清洁情况。数量、规格需符合设计要求；位置偏差不得大于 ±3mm；长度偏差在 0~15mm；钢筋上不得有锈蚀及残留混凝土等杂物（详见 7.4.1）。

检查后填写检查记录表。

2. 结合面检查

检查预制构件水平接缝（灌浆缝）的结合面，结合面应干净、无油污等杂物（图11-1）；检查结合面状态是否满足设计要求（详见 7.4.2）。

检查后填写检查

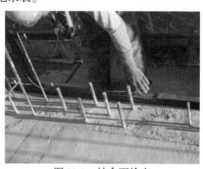

图 11-1 结合面检查

记录表。

3. 套筒和浆锚孔检查

预制构件安装前，对套筒和浆锚孔都要逐个进行检查，确保孔路通畅，套筒和浆锚孔内部没有影响灌浆料拌合物流动的杂物（详见7.4.3）。

检查后填写检查记录表。

4. 灌浆孔和出浆孔检查

灌浆孔和出浆孔要逐个疏通检查，保证孔内无杂物（详见7.4.4）。

检查后填写检查记录表。

5. 设备、工具和电源等检查

灌浆作业开始前，要对灌浆料制备设备及工具、灌浆设备、分仓设备及工具、接缝封堵设备及工具、补灌设备及工具、冲洗设备及工具、备用设备及工具和视频设备等的规格型号、数量、技术参数、完好情况等进行全面检查，并进行调试、试用，确保设备及工具满足灌浆作业的要求；还要检查电源、水源的保障情况（详见7.4.5）。

检查后填写检查记录表。

6. 材料检查

灌浆作业开始前，要对灌浆材料包括套筒灌浆料或浆锚搭接灌浆料、现场用套筒、分仓材料、接缝封堵材料等的规格型号、数量、合格证、检测报告等进行全面检查，保证满足设计及规范要求（详见7.2.3）。

检查后填写检查记录表。

7. 灌浆套筒水平灌浆连接钢筋检查

预制构件吊装后，检查两侧构件伸出的待连接钢筋对正情况，偏差不得大于 ±5mm（详见7.4.1）。

检查后填写检查记录表。

8. 灌浆料拌合物流动度检测

每班作业前，需进行灌浆料拌合物流动度的检测（见第11.2节）。

9. 分仓检查

主要检查分仓的长度、分隔条宽度及分隔条与主筋的距离（见第11.3节）。

10. 接缝封堵检查

根据设计，对接缝封堵材料、工艺和质量进行全面检查。（见第11.4节）。

11. 灌浆料抗压强度检验

灌浆料28d抗压强度值应符合行业标准《钢筋套管灌浆连接应用技术规程》（JGJ 355—2015）的规定（见第11.5节）。

12. 灌浆饱满度检查

灌浆饱满度目前没有可靠的检测仪器，只能做好过程控制，灌浆后将灌浆孔及出浆孔堵孔塞拔掉对灌浆饱满度进行目测检查（见第11.6节）。

13. 现场接头抗拉强度检验

按相关规范规定确定现场接头抗拉强度检验批，每批制作3个拉伸件，标准养护28d后进行抗拉强度试验（见第11.7节）。

11.2　灌浆料拌合物流动度检测

（1）每班灌浆作业前进行灌浆料拌合物流动度检测，记录流动度数值，确认合格方可使用。

（2）不同生产厂家的灌浆料对流动度数值的要求稍有不

同，通常要求灌浆料拌合物初始流动度应为 300～350mm，30min 流动度应大于或等于 260mm。以上这两个数值可作为参考数值，实际数值要以厂家提供的检测报告或使用说明为准。

（3）环境温度超过产品使用温度上限（35℃）时，须做实际可操作时间试验，并保证灌浆作业在可操作时间内完成。

（4）填写流动度检测记录表。

11.3 分仓检查

（1）检查分仓材料的强度是否达到设计要求，分仓通常选用抗压强度为 50MPa 的座浆料。

（2）检查分仓作业是否达到标准，包括分仓长度（1～1.5m）、分隔条宽度（20～30mm）、分隔条距主筋距离（不小于 50mm）（图 11-2）及座浆料饱满度等。

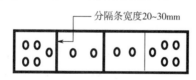

图 11-2 分隔条示意

（3）在灌浆施工前，检查分仓的材料强度是否达到要求（约 30MPa）。

（4）检查是否在预制构件相对应位置做出分仓标记，记录分仓时间（图 11-3）。

（5）填写分仓检查验收记录表。

11.4 接缝封堵检查

（1）在灌浆前，要对待灌浆的预制构件进行接缝封堵质

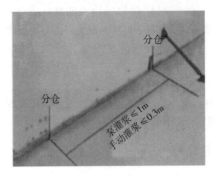

图 11-3　分仓标记

量检查。

（2）检查接缝封堵作业是否符合设计及规范标准，接缝封堵常用的方式有木方封堵、充气管封堵、座浆料座浆方式封堵、座浆料抹浆方式封堵及橡塑海绵胶条封堵等（详见第8.1节）。

（3）采用座浆料封堵方式时（图11-4），需检查接缝封堵的座浆料产品是否合格，搅拌是否按标准执行；座浆料封堵完成后，是否满足24h后进行灌浆的强度要求。

（4）对接缝封堵有一定难度的构件，要进行严格的全过程检查和监控，检查其是否封闭严密，是否有堵塞套筒的现象等。

（5）由于高强灌浆料拌合物的流动性较大，

图 11-4　预制外墙座浆料封堵示意

灌浆有一定压力，所以接缝封堵一定要严密。灌浆前，必须仔细检查接缝封堵的质量。

（6）不同的接缝有不同的防火及防水要求，应检查相关的接缝封堵材料是否符合设计及规范要求。

（7）填写接缝封堵检查验收记录表。

11.5 灌浆料抗压强度检验

灌浆料抗压强度检验属于施工验收检查项目之一，具体包括以下几方面内容：

（1）用于检验抗压强度的灌浆料试件应在施工现场制作。

（2）灌浆料28d抗压强度值应符合行业标准《钢筋套筒灌浆连接应用技术规程》（JGJ 355—2015）的规定。

（3）检查数量：每工作班取样不得少于1次，每楼层取样不得少于3次。每次抽取1组40mm×40mm×160mm的试件，标准养护28d后进行抗压强度试验。

（4）检验方法：检查灌浆施工记录及抗压强度试验报告。

（5）填写灌浆料抗压强度检验记录表。

11.6 灌浆饱满度检查

灌浆饱满度检查属于施工验收检查项目之一，具体包括以下几方面内容：

（1）灌浆过程中及灌浆施工后应在灌浆孔、出浆孔及时检查灌浆饱满度，灌浆料拌合物上表面没有达到规定位置或灌浆料拌合物灌入量小于规定要求，即可确定为灌浆不饱满（图11-5）。

（2）对于灌浆不饱满的竖向连接灌浆套筒，在灌浆料加

水拌合 30min 内，应
首选在灌浆孔补灌；
当灌浆料拌合物已无
法流动时，可在出浆
孔补灌，应采用手动
设备压力灌浆，并采
用比出浆孔小的细管
灌浆以保证排气。

图 11-5　出浆孔灌浆料饱满度检查

（3）水平钢筋连
接灌浆施工后 30s，当发现灌浆料拌合物下降，应检查灌浆
套筒的密封或灌浆料拌合物排气情况，并及时补灌或采取其
他措施。

（4）补灌后必须重新进行检查。

（5）检查数量：全数检查。

（6）检验方法：目测观察及检查灌浆施工记录。

（7）填写灌浆饱满度检查验收记录表。

11.7　现场接头抗拉强度检验

现场接头抗拉强度检验属于施工验收检查项目之一，其
中灌浆接头抗拉强度检验及方法具体包括以下几方面内容：

（1）检验数量：按行业标准《钢筋套筒灌浆连接应用技
术规程》（JCJ 355—2015）的组批原则，每 1000 个为一批，
每批制作 3 个拉伸件，标准养护 28d 后进行抗拉强度试验。

（2）检验方法：抗拉强度试验报告。

（3）填写现场接头强度检验记录表。

11.8　灌浆作业检查验收记录

（1）灌浆作业每个环节的检查都必须形成检查验收记

录，构件接缝结合面检查验收记录见表 11-1。

表 11-1　构件接缝结合面检查验收记录

项目名称		施工单位	
作业班组		作业人员	
作业部位		预制构件编号	
检查项目		检查结果	
结合面情况			
伸出钢筋情况			
接缝封堵及分仓情况	示意图	分仓时间：　月　日　时	
备注			

检查人：　　　　　记录人：　　　　　日期：

注：记录人根据结合面钢筋位置、数量及分仓情况画出草图，检验
　　后将结果在图中相应位置标识清楚，合格的打"√"，不合格
　　的打"×"，同时在备注栏说明不合格的原因及整改意见等。

（2）检查验收记录应根据实际情况设计并使用专用的检
查验收记录表。

（3）检查验收记录表应包括项目名称、施工单位、作业
班组、作业人员、检查人员、监理人员、检查项目、检查时
间、检查内容、检查结果、不合格整改情况和整改后复查结

论等内容。

（4）同时须对灌浆施工进行全过程视频拍摄。

（5）所有检查验收记录表及视频资料要分栋号、分时间、分环节留存归档，以备查用。

第12章 灌浆作业质量管理要点

本章介绍灌浆作业常见质量问题及解决方法（12.1）、灌浆作业质量管理要点（12.2）、灌浆作业旁站监督（12.3）、灌浆作业视频监控（12.4）和灌浆作业严禁事项（12.5）。

12.1 灌浆作业常见质量问题及解决方法

1. 灌浆料拌合物流动度不达标

灌浆料拌合物流动度不达标（图12-1）一般有两种原因：一是灌浆料已失效；二是没有按照产品水料比控制用水量。

具体解决办法有以下两点：

（1）在灌浆料搅拌前，仔细检查灌浆料产品合格证与到场的灌浆料是否为同一批次，检查灌浆料（图12-2）是否在保质期内，灌浆料存放场所是否有防潮措施。

图12-1 流动度不达标   图12-2 灌浆料

（2）严格按照水料比精准称量灌浆料和水，按相关规范及灌浆料厂家要求进行灌浆料搅拌。

2. 预制构件底面接缝间隙过小

如果预制构件底面接缝间隙过小（图12-3），在灌浆过程中会导致灌浆料拌合物流动不畅，不能完全充满接缝空腔和灌浆套筒，将造成质量隐患。

图12-3　预制构件底部间隙过小

具体解决办法有以下两点：

（1）吊装前，仔细测量已浇筑完的混凝土标高，记录结合面多点高差数据。

（2）接缝间隙误差大于5mm时，要对结合面进行凿毛剔除，达到设计要求，并清理干净后进行吊装作业。

3. 座浆料接缝封堵不密实导致漏浆

采用座浆料接缝封堵不密实导致漏浆的原因：封堵部位未提前浇水润湿，封堵使用的座浆料收缩，出现缝隙（图12-4）。

具体解决办法有以下几点：

（1）小缝隙微量漏浆时，用木方及膨胀螺栓夹紧固定，或用高强砂浆堆抹，待灌浆完毕且灌浆料拌合物不具备流动性后剔除堆抹的高强砂浆。

图 12-4 堵缝漏浆

（2）大量漏浆且无法封堵时，要停止灌浆，剔除预制构件接缝封堵材料，已灌入的灌浆料拌合物冲洗干净后，重新进行接缝封堵，封堵使用的座浆料达到强度后再次进行灌浆。

（3）严格按照操作标准进行接缝封堵作业，灌浆前应检查确认接缝封堵质量。

4. 出浆孔不出浆

造成出浆孔不出浆的原因有灌浆孔或出浆孔堵塞（图12-5）、封堵材料堵塞套筒、没有分仓或接缝封堵不密实导致漏浆（图12-4）。

具体解决办法有以下几点：

（1）预制构件安装前，对套筒应逐个进行检查，确保孔路通畅后进行吊装作业。

（2）接缝封堵时，封堵材料不能堵塞灌浆套筒，以防灌浆时灌浆料拌合物流通不畅。

（3）吊装前，确认竖向预制构件尺寸，宽度超过 1.5m

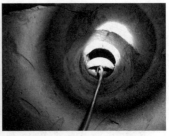

图 12-5　灌浆孔或出浆孔内杂物

时应进行分仓作业，保证灌浆饱满，出浆孔正常出浆。

（4）出浆孔如果是刚性物质堵塞可用电动工具进行破坏性清理，如为柔性物质可用钩状工具清理干净。

5. 出浆孔回落较大

造成出浆孔回落较大的主要原因：一是灌浆料搅拌完成后未静置排气就进行灌浆作业；二是没有按灌浆操作规程操作。

具体解决办法有以下几点：

（1）灌浆料搅拌完成后，灌浆料拌合物要静置 2～3 分钟排气，然后再倒入灌浆设备内进行灌浆作业。

（2）灌浆作业时，有个别孔洞不正常出浆时，应换孔进行灌浆。换孔灌浆时，应拔下已封堵的堵孔塞，待全部正常出浆后依次封堵出浆孔；所有出浆孔全部正常出浆并封堵好后，再按要求用堵孔塞封堵灌浆孔（详见第 10.6 节）。

（3）灌浆后对出浆孔应及时进行检查（图 12-6），如果需要应及时进行补灌（详见第 11.6 节）。

6. 灌浆料终凝时间长

造成灌浆料终凝时间长的原因：一是灌浆环境温度未达

到要求；二是灌浆料搅拌的水料比不准确。

具体解决办法有以下两点：

（1）严格按照产品说明书的水料比精准称量灌浆料和水（图12-7）。

图12-6　灌浆后孔洞排查　　　　图12-7　精确称量水

（2）灌浆作业时，环境温度应在5～35℃；若环境温度超过要求的范围，应进行实体灌浆试验，满足条件后方可进行灌浆。

7. 未使用完的灌浆料拌合物处理方式

未使用完的灌浆料拌合物有以下两种处理方式：

（1）未使用完的灌浆料拌合物还在规定可操作的灌浆时间内，可用于其他邻近预制构件的灌浆作业。

（2）未使用完的灌浆料拌合物已超过规定可操作的灌浆时间，须废弃（图12-8），不允许用来再次灌浆。

图 12-8　剩余灌浆料拌合物回收废弃

12.2　灌浆作业质量管理要点

（1）灌浆作业必须严格按照施工专项方案进行。

（2）灌浆人员必须进行灌浆操作培训，经考核合格并取得相应资格证后方可上岗作业。

（3）灌浆作业全过程必须有质检员和旁站监理负责监督和记录。

（4）灌浆作业必须进行全过程视频记录。

（5）灌浆前，应检查灌浆套筒或浆锚孔的通畅情况。

（6）灌浆料搅拌时应严格按照产品说明书要求计量灌浆料和水的用量，搅拌均匀后，静置 2~3 分钟，使灌浆料拌合物内气泡自然排出后再进行灌浆作业。

（7）按要求每工作班应制作一组灌浆料抗压强度试件。

（8）每班灌浆前，要进行灌浆料拌合物初始流动度检测，记录流动度参数，确认合格后方可进行灌浆作业。

（9）灌浆前应检查接缝封堵质量是否满足压力灌浆要求。

（10）灌浆料拌合物应在灌浆料生产厂给出的时间内完成灌浆作业，且最长不宜超过30分钟。已经开始初凝的灌浆料拌合物不能继续使用。

（11）竖向钢筋套筒灌浆施工时，出浆孔未流出圆柱体灌浆料拌合物不得进行封堵，静置保持压力时间不得少于30秒；水平钢筋套筒灌浆施工时，灌浆料拌合物的最低点低于套筒外表面不得进行封堵。

（12）每个水平缝联通腔只能从一个灌浆孔进行灌浆，严禁从两个以上灌浆孔同时灌浆。

（13）采用水平缝联通腔对多个套筒灌浆时，如果有个别出浆孔未出浆，应先堵死已出浆的孔，然后针对未出浆的套筒进行单独灌浆，直至灌浆料拌合物从出浆孔溢出。

（14）灌浆应连续作业，严禁中途停止

（15）冬季施工时环境温度原则上应在5℃以上。

（16）灌浆作业应及时做好施工质量检查记录。

12.3　灌浆作业旁站监督

灌浆质量如果出现问题，将对装配式混凝土建筑整体的结构质量产生致命影响。因此，对灌浆全过程必须严格管控，施工单位应明确专职质检人员，同时应有监理人员旁站监督，对灌浆全过程进行监督检查，不符合规定的操作应及时制止并予以纠正。专职质检人员应及时填写钢筋套筒灌浆施工记录（表12-1），旁站监理人员应及时填写监理旁站记录（表12-2）。

表 12-1　钢筋套筒灌浆施工记录

工程名称：　　　　　施工单位：　　　　　灌浆日期：　　年　月　日

天气状况：　　　　　灌浆环境温度：　　　℃

浆料搅拌	批次　　　；干粉用量：　　　kg；水用量：　　　kg（1）； 搅拌时间：　　　　　；施工员： 试块留置：是 □　否 □　；组数：　　　组（每组 3 个）； 规格：40mm×40mm×160mm（长×宽×高）； 流动度：　　　mm 异常现象记录：

楼号	楼层	构件名称及编号	灌浆孔号	开始时间	结束时间	施工员	异常现象记录	是否补灌	有无影像资料

专职检验人员：　　　　　　　　　　日期：

注：1. 灌浆开始前，应对各灌浆孔进行编号。

　　2. 灌浆施工时，环境温度超过允许范围应采取措施。

　　3. 浆料搅拌后须在规定时间内灌注完毕。

　　4. 灌浆结束应立即清理灌浆设备。

表 12-2 监理旁站记录

工程名称：_____ 　　　　　编号：_____

旁站的关键部位、关键工序		施工单位	
旁站开始时间	年 月 日 时 分	旁站结束时间	年 月 日 时 分

旁站的关键部位、关键工序施工情况

灌浆施工人员通过考核　　　　　　　　　　是□　否□

专职检验人员到岗　　　　　　　　　　　　是□　否□

设备配置满足灌浆施工要求　　　　　　　　是□　否□

环境温度符合灌浆施工要求　　　　　　　　是□　否□

浆料配比搅拌符合要求　　　　　　　　　　是□　否□

出浆口封堵工艺符合要求　　　　　　　　　是□　否□

出浆口未出浆，采取的补灌工艺符合要求　　是□　否□　不涉及□

发现的问题及处理情况：

　　　　　　　　　　　　　　　旁站监理人员（签字）：_____
　　　　　　　　　　　　　　　　　　　　年　月　日

注：本表一式一份，由项目监理机构留存。

12.4　灌浆作业视频监控

　　须对灌浆施工进行全过程视频拍摄，该视频作为工程施工资料留存。

视频内容须包含灌浆施工人员、专职检验人员、旁站监理人员、灌浆部位、预制构件编号、套筒顺序编号及灌浆出浆完成等情况。视频拍摄以一个构件的灌浆为一个段落，宜定点连续拍摄。

视频文件应编号归档保存，为方便以后查验做准备。

12.5 灌浆作业严禁事项

（1）当钢筋无法插入套筒或浆锚孔时，严禁切割钢筋。

（2）当钢筋无法插入套筒或浆锚孔时，严禁强行煨弯。

（3）当连接钢筋插入套筒或浆锚孔的长度超过允许误差时，严禁进行灌浆作业。

（4）严禁错用灌浆料，将浆锚搭接灌浆料用于套筒灌浆。

（5）严禁不按照说明书要求随意配置灌浆料。

（6）严禁分仓或接缝封堵座浆料挤进套筒或浆锚孔。

（7）当接缝封堵漏气导致无法灌满套筒时，严禁从外面用灌浆料拌合物抹出浆孔，必须用高压水冲洗干净灌浆料拌合物，重新封堵灌浆。

（8）严禁灌浆料拌合物开始初凝后用水搅拌灌浆料拌合物继续使用。

（9）严禁灌浆作业后在24h内扰动连接构件。

（10）严禁灌浆过程中向灌浆料拌合物内随意加水。

第 13 章　灌浆设备和工具的清洗、存放与保养

灌浆设备和工具的完好性直接决定了灌浆作业的效率和质量，因此对设备和工具的管理不容忽视。本章介绍灌浆设备和工具的清洗要求（13.1）、灌浆设备和工具的存放要求（13.2）和灌浆设备和工具的保养要求（13.3）。

13.1　灌浆设备和工具的清洗要求

（1）灌浆设备和工具的清洗应由专人负责。

（2）搅拌设备、灌浆机、手动灌浆器及其他设备、工具在使用完毕后应及时清理，清除残余的灌浆料拌合物等。

（3）灌浆作业的试验用具应及时清理，试模应及时刷油保养。

（4）清理设备应采用柔软干净的抹布，防止对搅拌桶及设备造成损伤和污染。

（5）设备及工具清理干净后应把表面残留的水分擦干净，防止设备生锈。

（6）清洗完的设备及工具应及时覆盖，防止其他作业工序对设备及工具造成污染。

（7）螺杆式灌浆机宜将螺杆卸掉，单独对螺杆进行清洗。

（8）挤压式灌浆机应把软管清洗干净，可以采用与软管直径相同的海绵球来清洗。

13.2　灌浆设备和工具的存放要求

（1）灌浆设备和工具的存放应由专人负责。

（2）灌浆设备和工具应存放在固定的场所或位置。

（3）灌浆设备和工具应摆放整齐，设备工具上严禁放置其他物品。

（4）灌浆设备和工具存放时应防止其他作业或因天气原因对其造成损坏和污染。

（5）存放设备场所的道路应畅通，方便设备进出。

（6）应建立设备、工具存放和使用台账。

13.3 灌浆设备和工具的保养要求

（1）灌浆设备和工具应由专人负责管理和保养。

（2）应建立灌浆设备和工具保养制度。

（3）灌浆设备和工具日常管理应以预防为主，发现问题及时维修。

（4）对灌浆设备的易损部件及易损坏的工具应有一定数量的备品备件。

（5）建立灌浆设备保养台账，按照说明书的要求对设备及时进行保养。

（6）灌浆的计量设备须进行定期校验。

（7）灌浆设备所有螺栓、螺母和螺钉应经常检查是否松动，发现松动应及时拧紧。

（8）带有减速机的设备 3～4 个月应更换一次减速机齿轮油。

第14章 临时支撑拆除

通过灌浆连接的预制构件的临时支撑需要在满足相关要求和条件后，方可拆除。本章介绍预制构件临时支撑拆除条件（14.1）和预制构件临时支撑拆除操作规程（14.2）两部分内容。

14.1 预制构件临时支撑拆除条件

1. 国家标准《装配式混凝土建筑技术标准》（GB/T 51231—2016）中的要求

构件连接部位后浇混凝土及灌浆料的强度达到设计要求后，方可拆除临时固定措施。同时要满足《混凝土结构工程施工规范》（GB 50666—2017）的有关规定和设计要求。

2. 现场实际操作控制

（1）柱、剪力墙等竖向预制构件灌浆完成后临时支撑的拆除时间，可参照灌浆料制造厂商的要求进行确定。

（2）灌浆后，灌浆料同条件试块抗压强度达到35MPa后方可进行拆除临时支撑及后续施工作业。

（3）灌浆后，通常情况下环境温度在15℃以上时，24h内预制构件不得受扰动；环境温度在5～15℃时，48h内预制构件不得受扰动。

（4）拆除临时支撑前，要对所支撑的预制构件进行观察，观察是否有异常情况，确认彻底安全后方可拆除。

（5）拆除临时支撑还应根据设计荷载情况确定。

14.2　预制构件临时支撑拆除操作规程

图 14-1 所示为预制柱的临时支撑实例；图 14-2 所示为预制墙板的临时支撑实例；图 14-3 所示为预制梁的临时支撑实例。预制构件灌浆后达到临时支撑拆除条件时，方可将上述临时支撑拆除。

图 14-1　预制柱临时支撑实例

图 14-2　预制墙板临时支撑实例

1. 临时支撑拆除操作规程

（1）满足拆除条件时进行临时支撑的拆除（图 14-4）。

图 14-3 预制梁临时支撑实例

图 14-4 拆除临时支撑

（2）拆除临时支撑前，准备好拆除工具及材料，具体包括以下几方面内容：

1）电动扳手（图14-5）。

2）手动扳手（图14-6）。

图14-5　电动扳手　　　　　图14-6　手动扳手

3）手锤（图14-7）。

4）木方（图14-8）。

5）人字梯（图14-9）等。

图14-7　手锤　　　图14-8　木方　　　图14-9　人字梯

（3）为保证安全，在拆除较高的临时支撑上端时，应准备人字梯，拆除人员站在人字梯上进行拆除作业。

（4）拆除临时支撑时，需要两人一组进行作业，一人操作，另一人配合。

（5）拆除顺序为先内侧，后外侧；从一侧向另一侧推进；先高处，后低处。

2. 临时支撑堆码及运送操作规程

（1）临时支撑拆除后，应堆放在木方上，摆放整齐，以方便向上一层转运（图14-10）。

图14-10　临时支撑堆放

（2）同一部位的临时支撑应放在同一位置，转运至上一层后放在相应位置，这样可以减少临时支撑的调整时间，加快临时支撑的安装进度（图14-11）。

图14-11　临时支撑转运至上层

（3）拆除码放时，应检查临时支撑是否完好、配件是否齐全，发现损坏应及时修复或更换，发现配件缺失应及时补充。

（4）工程竣工后，将临时支撑按规格分类吊运至地面指定区域堆放，清点记录后统一退场（图14-12）。

图14-12　临时支撑转运至地面准备退场

第 15 章　灌浆作业安全与文明生产

本章介绍灌浆作业安全生产要点（15.1）和灌浆作业文明生产要点（15.2）两方面内容。

15.1　灌浆作业安全生产要点

（1）对每个新参加灌浆的作业人员应进行安全操作规程培训，培训合格方可上岗操作。

（2）新项目施工前，对所有的作业人员进行安全操作规程培训，培训合格方可上岗操作。

（3）灌浆作业前，技术人员应对所有作业人员进行安全和技术交底。

（4）电动灌浆机电源应有防漏电保护开关。

（5）电动灌浆机应有接地装置。

（6）电动灌浆机工作期间严禁将手伸向灌浆机出料口。

（7）清洗电动灌浆机时应切断灌浆机电源。

（8）电动灌浆机移动时应切断灌浆机电源。

（9）严禁使用不合格的电缆线作为电动灌浆机的电源线。

（10）电动灌浆机开机后，严禁将枪口对准作业人员。

（11）电动灌浆机拆洗应由专人操作。

（12）灌浆料、座浆料搅拌人员需佩戴绝缘手套，穿绝缘鞋，并佩戴口罩和防护眼镜。

（13）搅拌作业人员裤腿口需要绑紧，避免搅拌机搅拌杆刮缠到裤腿，对作业人员造成伤害。

（14）搅拌作业时，工人手持搅拌机应握紧，因搅拌机搅拌时传力不均，如果没有握紧，搅拌机就有可能失控，对作业人员造成伤害。

（15）分仓后，预制构件吊装时，分仓人员应撤离到安全区域。

（16）预制构件安装后，必须在临时支撑架设完成确保安全后，方可进行接缝封堵等作业。

（17）作业人员在进行边缘预制构件接缝封堵、分仓及灌浆作业时须佩戴安全绳。

（18）水平钢筋套筒灌浆连接的作业人员应佩戴安全绳。

（19）施工过程中使用的工具、螺栓、垫片等辅材应有专用的工具袋，防止施工过程中工具、材料坠落发生危险。

（20）作业时发现安全隐患，应立即排除。

15.2 灌浆作业文明生产要点

（1）搅拌灌浆料、座浆料时应避免灰尘对环境造成污染。

（2）落地的灌浆料拌合物以及出浆口溢出来的灌浆料拌合物应及时清理，存放在专用的废料收集容器内。

（3）有外叶板的外墙灌浆时应防止漏浆对外墙面造成污染。

（4）采用座浆料进行接缝封堵及分仓时，应精心操作，避免座浆料污染外墙面。

（5）现场的设备、工具和材料应存放整齐，留出作业通道。

（6）试验用具使用后应及时清理，并摆放整齐有序。

（7）灌浆料、座浆料应分区域整齐堆放，并设置标识牌。

（8）灌浆料、座浆料搅拌完成应及时清理搅拌现场，保持卫生。

（9）灌浆料、座浆料等材料的包装袋以及其他包装物应及时回收，不可随意丢弃。

（10）灌浆出浆口部位应做好防护，防止溢出来的灌浆料拌合物污染预制构件及楼面等（图15-1）。

图15-1　防止溢出来的灌浆料拌合物
污染预制构件及楼面

（11）清洗搅拌桶和灌浆设备的废水应集中收集处理。

（12）现场应设立垃圾回收点。